CHEMIE

Anorganisch

...leicht gemacht!

Harald Gärtner, Günther Heinz

Compact Verlag

Chefredaktion: Dr. Angela Sendlinger
Redaktion: Felicitas Zahner
Fachredaktion: Dr. Florian Breitsameter
Produktion: Wolfram Friedrich
Gestaltung: Axel Ganguin
Umschlaggestaltung: Inga Koch

ISBN 978-3-8174-7717-3
7377171

Besuchen Sie uns im Internet: www.compactverlag.de

Die Reihe „Leicht gemacht“ vermittelt einen schnellen und umfassenden Einblick in verschiedene Wissensgebiete. Die Kombination aus Nachschlagewerk und Übungsbuch ermöglicht es dem Lernenden, sich einen Überblick über die relevanten Themen zu verschaffen und das neue Wissen gezielt anzuwenden.

„Chemie Anorganisch leicht gemacht“ richtet sich an alle, die ihre Chemiekenntnisse erweitern beziehungsweise auffrischen wollen.

Der Band enthält acht thematisch abgeschlossene Kapitel, in denen alle wichtigen Formeln und Gesetze zu den wesentlichen Wissensgebieten der anorganischen Chemie auf einprägsame Weise vermittelt werden. Zahlreiche treffende Beispiele sorgen für Anschaulichkeit und Klarheit der dargestellten Inhalte.

Am Ende jedes Kapitels finden sich Doppelseiten mit Übungen, anhand derer sich der gelernte Stoff überprüfen lässt. Ein ausführlicher Lösungsteil gewährleistet eine selbstständige Erfolgskontrolle.

Die zweifarbige Gestaltung, die Verdeutlichung wichtiger Sachverhalte in Tabellenform sowie zahlreiche Infokästen schaffen zusätzliche Übersichtlichkeit. Der rasche Zugriff auf spezielle Sachfragen wird durch das Register am Ende des Buches erleichtert.

Dieser anwenderfreundliche Band beantwortet sicher und zuverlässig alle Fragen zu Formeln und Gesetzen der anorganischen Chemie.

Viel Erfolg!

INHALTSVERZEICHNIS

1. Der Stoffbegriff

Als Stoff bezeichnet man in der Chemie jede Art von Materie, die durch charakteristische Eigenschaften gekennzeichnet werden kann. So ist Holz ein Stoff, genauso wie Eisen, Stahl, Wasserdampf usw.

2. Die Gemenge

Gemenge (auch Stoffgemische) entstehen, wenn mindestens zwei Stoffe gemischt werden.

Heterogene Gemenge (von griech. hetero = verschieden, anders)

Die Zusammensetzung aus unterschiedlichen Einzelbestandteilen ist optisch gut erkennbar.

Rauch: Feststoffe sind mit Gas (Luft) vermengt.
Granit: Feststoffe sind mit unterschiedlichster Farbe vermengt.
Emulsion: Sich nicht vermischende Flüssigkeiten, z. B. Öl und Wasser, sind miteinander vermengt.
Suspension: Flüssigkeit und Feststoff, z. B. Erde und Wasser (Schlamm), sind miteinander vermengt.
Nebel: Flüssigkeit und Gas, z. B. zerstäubtes Haarspray, sind miteinander vermengt.

Homogene Gemenge (von griech. homo = gleich)

Homogene Gemenge sind optisch nicht als Gemenge erkennbar.

Legierungen und Gläser sind erstarrte Metallschmelzen verschiedener Metalle bzw. Schmelzen von Quarzsand mit bestimmten Zuschlägen.
Feststofflösungen sind z. B. Salze oder Zucker, in Wasser vollständig aufgelöst.
In Flüssigkeitsgemengen liegt ein Gemenge von unbegrenzt mischbaren Flüssigkeiten vor, z. B. Wasser und Alkohol.
Das bekannteste Beispiel für eine Gasmischung ist Luft, die aus Sauerstoff, Stickstoff, Kohlenstoffdioxid, Edelgasen und anderen Gasen zusammengesetzt ist.

Trennung von Gemengen

Destillation:

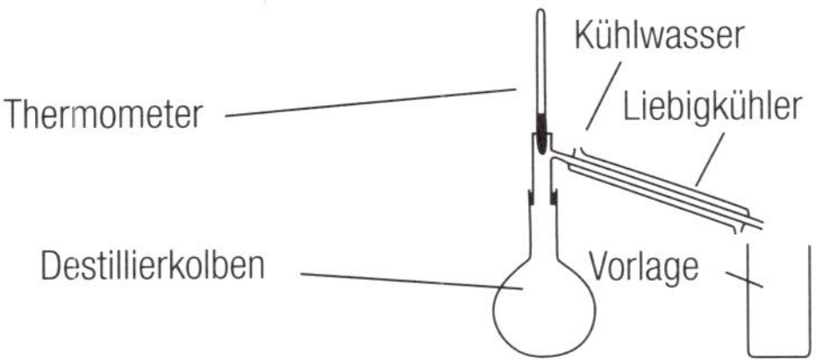

Bei der Destillation werden Flüssigkeitsgemenge nach den unterschiedlichen Siedepunkten der Reinstoffe getrennt. Der Reinstoff mit dem niedrigeren Siedepunkt geht zuerst in die Gasphase über, kondensiert im Kühler und tropft in die Vorlage. Im Destillierkolben bleibt der Stoff mit dem höheren Siedepunkt zurück oder wird nach dem Wechsel der Vorlage herausdestilliert.

Filtration:

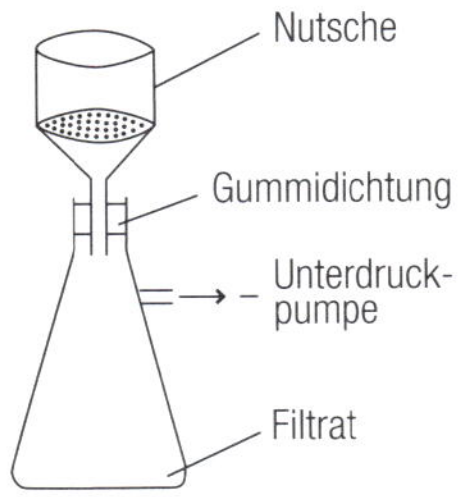

Auf diese Weise werden Suspensionen getrennt. Die Porengröße des Filters muss kleiner sein als die Korngröße des abzutrennenden Feststoffs. Meist werden Papierfilter verwendet. Der Feststoff bleibt als Rückstand im Filter. Die durchlaufende klare Flüssigkeit wird als Filtrat bezeichnet.

INFOKASTEN

Der Filtriervorgang kann durch eine Nutsche beschleunigt werden. Dabei wird ein Porzellantrichter mit einem quer liegenden gelochten Boden als Auflage für ein Papierrundfilter verwendet. Durch Unterdruck wird dann das Filtrat abgesaugt.

Abdampfen:
Diese Methode wird dann gewählt, wenn der gelöste Feststoff ohne das Lösungsmittel erhalten werden soll. Die Lösung wird in einer Porzellanschale so lange erhitzt, bis das Lösungsmittel vollständig verdampft ist. Zurück bleibt der Feststoff. Er liegt dann in Pulverform oder in Form kleiner Kristalle vor.

Dekantieren:
Dies ist eine grobe Trennung von Suspensionen. Auf dem Boden lagert sich der Feststoff ab. Die überstehende Flüssigkeit kann abgesaugt oder abgegossen werden.

Zentrifugieren:
Mit dieser Methode werden Suspensionen getrennt. Unter Nutzung der Fliehkräfte erfolgt die Trennung aufgrund der unterschiedlichen Dichte der Bestandteile, z. B. Wäscheschleuder, Fruchtsaftzentrifuge, Trennen von Blutbestandteilen.

3. Der Reinstoff

Reinstoffe haben bei einer bestimmten Temperatur und unter gleichem Druck immer dieselben (konstanten), aber nur für den jeweiligen Stoff zutreffenden physikalischen und chemischen Eigenschaften. Sie werden als das Ergebnis der Trennung von Gemengen erhalten.

Zuckerkristalle (nicht aber Zuckerwasser!) sowie Sauerstoffgas (nicht aber Luft!) sind z. B. Reinstoffe.

4. Zustände von Stoffen

Die Zustandsarten der Stoffe

Der Aggregatzustand eines Stoffes wird durch die Anordnung der Teilchen bestimmt.

fest (solid (s)):
Die Teilchen liegen dicht beieinander und regelmäßig angeordnet an einem festen Platz. Sie schwingen an ihrem Platz. Die zwischen den Teilchen wirkenden Anziehungskräfte sind stark.

flüssig (liquid (l)):
Die Teilchen liegen dicht, haben aber keinen festen Platz und sind demzufolge gegeneinander verschiebbar. Ihre Bewegungen sind unregelmäßig. Obwohl sich die

Teilchen ständig neu anordnen, kann eine Anordnung festgestellt werden. Die zwischen den Teilchen wirkenden Kräfte sind locker.

gasförmig (gaseous (g)):
Die Teilchen bewegen sich schnell und frei im Raum. Die zwischen den Teilchen wirkenden Kräfte sind sehr gering. Die Teilchen sind ungeordnet und weit voneinander entfernt.

Die Zustandsänderungen der Stoffe

Unter Zustandsänderungen der Stoffe versteht man den Übergang von einem Aggregatzustand in einen anderen.

Schmelzen:
Übergang von einem Feststoff zu einer Flüssigkeit bei Erwärmung.

Verdampfen:
Übergang von einer Flüssigkeit zu einem gasförmigen Stoff bei Erwärmung.

Kondensieren:
Übergang vom gasförmigen Zustand in den flüssigen Zustand bei Abkühlung.

Erstarren:
Übergang von einer Flüssigkeit zu einem Feststoff bei Abkühlung.

Sublimieren:
Übergang eines Feststoffes in den gasförmigen Zustand bei Erwärmung.

Resublimieren:
Übergang vom gasförmigen Zustand in einen Feststoff bei Abkühlung.

5. Grundreaktionen der Chemie

Die chemische Reaktion

Eine chemische Reaktion ist eine Stoffumwandlung, bei der aus den Edukten (Ausgangsstoffen) die Produkte (Reaktionsprodukte) gebildet werden. Bei jeder chemischen Reaktion finden gleichzeitig Energieumwandlungen (Wärme- oder Lichterscheinungen) statt. Weiteres Merkmal jeder chemischen Reaktion ist die Umlagerung der Teilchen.

Die Zersetzung (Analyse)

Durch Energiezufuhr zerfällt ein Reinstoff in neue Reinstoffe mit neuen physikalischen und chemischen Eigenschaften. Somit hat eine chemische Reaktion stattgefunden.
$AB \rightarrow A + B$

Zersetzt man Wasser (AB) mit elektrischer Energie, so erhält man Sauerstoffgas (A) und Wasserstoffgas (B).

Die Vereinigung (Synthese)

Aus zwei oder mehr Reinstoffen wird ein neuer Reinstoff aufgebaut, mit neuen physikalischen und chemischen Eigenschaften.
$A + B \rightarrow AB$

Eine Mischung von Wasserstoffgas (A) und Sauerstoffgas (B) reagiert zu Wasser (AB) unter Explosion. Die Verbindung (AB) ist ein neuer Reinstoff.

Umsetzungen

Einfache Umsetzung:
$AB + C \rightarrow BC + A$ oder: $AB + C \rightarrow AC + B$
Doppelte Umsetzung:
$AB + CD \rightarrow AC + BD$ oder: $AB + CD \rightarrow AD + BC$

6. Die Elemente

Elemente sind Reinstoffe, die sich auf chemischem Weg nicht mehr weiter zersetzen lassen. Sie können durch Analyse von Reinstoffen gewonnen werden. Es gibt 92 natürlich auftretende chemische Elemente. Weitere Elemente können durch bestimmte physikalische Experimente (Kernfusionen) hergestellt werden.

Elementsymbole

Sie werden durch Buchstaben symbolisiert, als Abkürzungen der lateinischen oder griechischen Namen der Elemente.

**Symbol O von Oxygenium (griech.) steht für das Element Sauerstoff.
Symbol H von Hydrogenium (griech.) steht für das Element Wasserstoff.**

Alle Elemente sind tabellarisch im Periodensystem der Elemente (PSE) zusammengefasst.

7. Die Atome

Das Wort Atom leitet sich vom griechischen Wort atomos (unteilbar) ab. Atome sind die kleinsten Masseteilchen der Elemente, die noch die Eigenschaften des jeweiligen Elementes aufweisen. Sie sind auf chemischem Weg nicht teilbar. Atome bestehen aus Elementarteilchen.

INFOKASTEN

Atome eines Elements haben dieselben chemischen Eigenschaften.
Atome verschiedener Elemente haben unterschiedliche Eigenschaften.

Der Atomkern

Nach E. Rutherford (1911) hat jedes Atom einen positiv geladenen Kern, der fast die gesamte Masse des Atoms beinhaltet. Er besteht aus zwei Arten von Nukleonen (Kernbausteine), die nahezu massegleich sind: den Protonen und den Neutronen. Das Proton trägt eine positive Elementarladung (= kleinste Einheit der elektrischen Ladung). Das Neutron ist ungeladen. Der Atomkerndurchmesser beträgt ca. 10^{-13} cm.

Unter Isotopen versteht man die Atome eines Elementes, die zwar die gleiche Protonenzahl aufweisen, aber unterschiedliche Neutronenzahlen haben.

Die Protonenzahl gibt die Anzahl der Protonen im Kern an und ist für jedes Atom eines Elementes gleich.

Die Neutronenzahl spielt für die Chemie keine Rolle. Bei den leichten Elementen ist sie gleich der Protonenzahl, bei den schwereren nimmt sie gegenüber der Protonenzahl stark zu.

Die Elektronenhülle

Nach der Modellvorstellung von N. Bohr (1913) umkreisen Elektronen als Träger der negativen Elementarladung den Atomkern. Da jedes Atom elektrisch neutral ist, befinden sich stets so viele Elektronen in der Hülle wie Protonen im Kern. Die Elektronen befinden sich auf ganz bestimmten gedachten konzentrischen Kugelschalen, deren gemeinsamer Mittelpunkt der Atomkern ist.

INFOKASTEN

Die Schalen werden von innen nach außen mit den Buchstaben K, L, M, N, O, P und Q bezeichnet. Nach der modernen quantenmechanischen Auffassung, nach der die Schalen als Energiestufen oder Hauptquantenzahlen (n) bezeichnet werden, kennzeichnet man sie als Hauptquantenzahl 1, 2, 3 usw. bis 7.

Die Maximalbelegung einer Schale errechnet man nach der Formel:
Maximalbelegung = $2n^2$

Auf der K-Schale (n = 1) haben daher 2 mal 1^2 = 2 Elektronen Platz. Auf der L-Schale (n = 2) sind es 2 mal 2^2 = 8; auf der M-Schale (n = 3) 2 mal 3^2 = 18 usw.

Die Kugelschalen haben bestimmte Abstände vom Atomkern. Die elektrostatische Anziehung zwischen den Protonen des Kerns und den Elektronen der Hülle nimmt daher mit zunehmendem Abstand vom Kern deutlich ab.

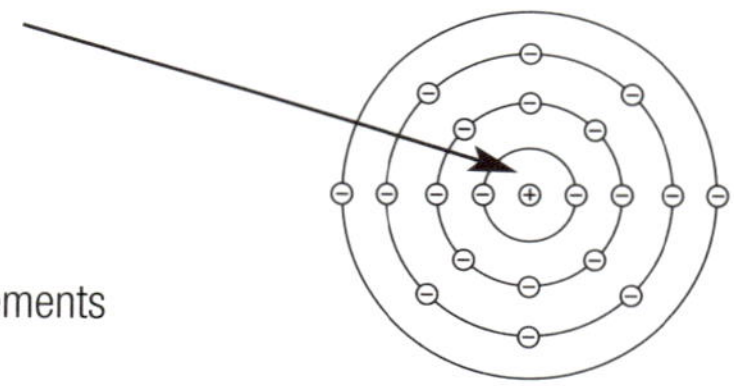

Die Elektronenhülle des Elements Calcium nach B. Bohr.

Die Valenzelektronen

Valenzelektronen sind die Elektronen der äußersten Schale eines Atoms; sie werden vom Kern am wenigsten fest gebunden und können relativ leicht abgespalten werden.

INFOKASTEN

Nur die Valenzelektronen werden bei einer chemischen Reaktion benötigt.

Die Edelgaskonfiguration

Die Belegung der jeweils äußersten Schale mit acht Elektronen (erste Schale nur zwei) ist ein energetisch stabiler Zustand. Man nennt ihn Edelgaskonfiguration, da alle Edelgase (außer Helium, erste Schale!) diese Zahl von Valenzelektronen aufweisen. Alle Atome sind bestrebt, diesen stabilen Zustand zu erreichen, was z. B. durch

Aufnahme zusätzlicher Valenzelektronen von anderen Atomen oder durch Abgabe eigener Valenzelektronen erreicht werden kann.

Atomionen

Kationen:
Gibt ein Atom Valenzelektronen ab, um die Edelgaskonfiguration der weiter innen liegenden Schale zu erreichen, wird es positiv geladen. Grund: Die (gleich gebliebene) Zahl der Protonen im Kern des Atoms ist größer als die Gesamtzahl der Elektronen.

INFOKASTEN

Der Name Kation kommt von Kathode, dem negativ geladenen Pol (Elektrode) einer Gleichspannungsquelle, von dem das Kation angezogen wird.

Kationen können i. d. R. nur solche Elemente bilden, die weniger als vier Valenzelektronen besitzen. Grund: Die Anziehungskraft des Kerns auf die restlichen Elektronen wird zu groß, es müsste zu viel Ionisierungsenergie aufgewendet werden.

Ionisierungsenergie:
Darunter versteht man die Energie, die aufgewendet werden muss, um aus Atomen eines Stoffes im gasförmigen Zustand Elektronen freizusetzen. Die Ionisierungsenergie ist abhängig von der Anzahl der Valenzelektronen. Alkalimetalle weisen die niedrigste Ionisierungsenergie auf.

Anionen:
Nimmt ein Atom Valenzelektronen auf, um die Edelgaskonfiguration zu erreichen, wird es negativ geladen, es ist ein Anion entstanden. Die Anode, der positive Pol (Elektrode) einer Gleichspannungsquelle, zieht Anionen an. Negativ geladene Ionen entstehen aus Atomen, die fünf, sechs oder sieben Valenzelektronen besitzen.

INFOKASTEN

Atome mit weniger Valenzelektronen erreichen die Edelgaskonfiguration leichter durch Abgabe von Elektronen.

Elektronenaffinität:
Darunter versteht man die Energie, die auftritt, wenn Atome eines Stoffes im gasförmigen Zustand Elektronen aufnehmen. Halogenatome besitzen die höchsten Elektronenaffinitäten.

8. Die Moleküle

Moleküle sind die kleinsten Masseteilchen von Verbindungen, die noch deren chemische Eigenschaften besitzen, und bestehen aus festgefügten Verbänden von zwei oder mehr Atomen.

Molekülionen

Molekülionen bestehen aus zwei oder mehr Atomen. Sie können Anionen (negativ) oder Kationen (positiv) sein.

+6 -2

SO_4^{2-}: Dieses Ion besteht aus einem Schwefelatom, vier Sauerstoffatomen und trägt zwei negative Elementarladungen.

+1 -2

H_3O^+: Dieses Ion besteht aus drei Wasserstoffatomen, einem Sauerstoffatom und trägt eine positive Elementarladung.

9. Die Formelsprache der Chemie

Die Bedeutung der Elementsymbole

1. Ein Elementsymbol stellt die Abkürzung für den Namen des Elementes dar.

2. Es symbolisiert ein Atom des betreffenden Elementes.

Die chemische Formel

1. Die Zusammensetzung eines Moleküls wird durch Aneinanderreihen von Symbolen der beteiligten Elemente zum Ausdruck gebracht, wobei ein und dasselbe Element oder ein und dieselbe Atomgruppe mehrfach enthalten sein können. In diesem Falle wird eine kleine arabische Zahl hinter das betreffende Elementsymbol oder die in Klammern stehende Atomgruppe gesetzt. Die Angabe dieser Zahl erfolgt immer als tiefgestellte Zahl. Sie heißt Index. Der Index ist ein unveränderlicher Bestandteil der Formel einer bestimmten Verbindung. Die Zahl 1 wird nicht geschrieben.

H_2 ist die Formel für ein Molekül des Elements Wasserstoff; es besteht aus zwei Wasserstoffatomen.
CH_4 ist die Formel für Methangas. Die Formel bezeichnet ein Molekül, bestehend aus einem Atom Kohlenstoff (C) und vier Atomen Wasserstoff (H).

$Ca(OH)_2$ ist die Formel für eine Baueinheit Calciumhydroxid. Calciumionen (Ca^{2+}) und Hydroxidionen (OH^-) liegen im Zahlenverhältnis 1 : 2 vor. Die Formel wird gelesen: Ca, OH in Klammern zweimal.

2. Die Anzahl von Molekülen oder von Einzelatomen wird durch eine vorangestellte große arabische Zahl ausgedrückt, durch den Koeffizienten. Auch hier wird die Zahl 1 nicht geschrieben.

5Na ist die Formel für fünf Atome des Elementes Natrium.
$3H_2O$ ist die Formel für drei Moleküle Wasser, von denen jedes aus zwei Atomen Wasserstoff und einem Atom Sauerstoff besteht.

Die chemische Gleichung

Eine chemische Gleichung oder Reaktionsgleichung kennzeichnet alle an der Reaktion beteiligten Stoffe. Sie gibt außerdem das Zahlenverhältnis, in dem die Teilchen reagieren, an. Schreibt man zuerst die Formeln der Ausgangsstoffe (= Edukte) als Summanden, dann den Reaktionspfeil und schließlich die Formeln der Produkte ebenfalls als Summanden rechts davon, so erhält man eine Reaktionsgleichung oder chemische Gleichung.

Regeln zum Aufstellen von Reaktionsgleichungen:
Die Reaktionsgleichung kann nur richtig aufgestellt werden, wenn die Formeln der Edukte (Ausgangsstoffe) und Produkte bekannt sind. Zunächst erfolgt das Anschreiben der Formeln der Edukte und Produkte (mit den Indizes).

$H_2 + O_2 \rightarrow H_2O$

Anschließend erfolgt das rechnerische Richtigstellen durch ganzzahlige Koeffizienten, da nach dem Massenerhaltungssatz die Anzahl der gleichen Atome auf der linken und rechten Seite einer Gleichung übereinstimmen müssen. Indizes dürfen dabei nicht verändert werden.

$2H_2 + O_2 \rightarrow 2H_2O$

INFOKASTEN

Der Reaktionspfeil der Chemie ähnelt nicht nur in seinem Aussehen dem Folgepfeil der Mathematik, denn er ist ebenso nicht symmetrisch. Das heißt, dass die beiden Seiten nicht vertauscht werden dürfen. Die Edukte stehen immer links vom Pfeil, die Produkte immer rechts.

ÜBUNGEN: GRUNDLAGEN

1. **In der Natur kommen in der Regel Stoffgemenge vor. Geben Sie eine Übersicht, welche Arten von heterogenen Gemengen möglich sind und nennen Sie jeweils ein Beispiel!**

2. **Zum Trennen von Stoffgemischen nützt man Unterschiede in den physikalischen Eigenschaften der Stoffe aus. Welche Eigenschaften können dies sein? Nennen Sie Beispiele!**

3. **Beschreiben Sie eine Möglichkeit, wie man ein homogenes Gemenge aus zwei verschiedenen Flüssigkeiten trennen könnte! Verwenden Sie dazu die entsprechenden Fachbegriffe und nennen Sie ein Beispiel, wo ein solches Verfahren angewendet wird!**

4. **Jod sublimiert bei ca. 110 °C, ist nahezu unlöslich in Wasser und gut löslich in Dichlormethan. Quarzsand hat einen Schmelzpunkt von ungefähr 1700 °C und ist unlöslich in allen Lösemitteln. Kochsalz (Natriumchlorid) hat einen Schmelzpunkt von 800 °C und ist gut löslich in Wasser. Entwickeln Sie ein praktikables Verfahren, wie man ein Gemenge aus diesen Stoffen trennen könnte!**

5. **Geben Sie eine Definition des Begriffs Reinstoff!**

6. **Wie kann man sich auf der Teilchenebene den Aufbau eines Feststoffes vorstellen? Erklären Sie die Wärmeausdehnung eines Feststoffes mit dieser Modellvorstellung!**

7. **Es gibt Reinstoffe, die durch chemische Methoden in neue Reinstoffe zerlegt werden können und solche, bei denen dies nicht möglich ist.**

a) Wie nennt man diese Arten von Reinstoffen?
b) Wie nennt man eine chemische Reaktion, bei der ein Reinstoff zerlegt wird? Schreiben Sie eine allgemeine Gleichung für einen derartigen Vorgang!

8. **Welche weiteren Grundtypen von chemischen Reaktionen kennen Sie? Stellen Sie diese Vorgänge in allgemeiner Form dar!**

9. **Ordnen Sie die folgenden Vorgänge den in 7. und 8. genannten Reaktionstypen zu!**

a) Quecksilberoxid zerfällt beim Erhitzen in Quecksilber und Sauerstoff.
b) Eisenoxid reagiert mit Kohlenstoff zu Kohlenstoffdioxid und Eisen.

c) Eisen reagiert mit Schwefel zu Eisensulfid.

d) Wasser wird durch den elektrischen Strom in Wasserstoff und Sauerstoff gespalten.

10. Elemente sind die Grundbausteine, aus denen alle Stoffe aufgebaut sind. Überlegen und beantworten Sie, ob die Aussage richtig ist, dass man Elemente nicht weiter auftrennen kann! Nennen Sie gegebenenfalls ein Beispiel!

11. Der englische Physiker Ernest Rutherford entwickelte das erste moderne Atommodell. Das entscheidende Experiment war dabei sein „Streuversuch". Dazu schloss er einen α-Strahler (eine Radiumverbindung) so in einen Mantel aus Blei ein, dass die positiv geladenen Strahlen nur als schmales Bündel austreten konnten. Die Strahlung registrierte er mit einem Zählrohr, das auf einem Kreisbogen bewegt werden konnte. Dabei konnte er feststellen, dass die Strahlen genau gegenüber der Austrittsöffnung auftrafen. Im zweiten Teil des Versuchs stellte er eine Blattgoldfolie vor die Austrittsöffnung der α-Strahlen. Zu seiner Überraschung konnte er feststellen, dass die meisten Strahlen nach wie vor genau gegenüber der Austrittsöffnung auftrafen. Nur wenige wurden stark abgelenkt. Erklären Sie das Ergebnis dieses Versuchs!

12. Das Modell Rutherfords wurde schon bald durch den dänischen Physiker Niels Bohr verbessert. Stellen Sie zusammen, was bei beiden Modellen gleich ist und worin sie sich unterscheiden!

13. Beschreiben Sie den Aufbau des Atoms ^{14}N nach den Vorstellungen Bohrs!

14. Erklären Sie, warum in die Valenzschale eines Atoms zunächst immer nur acht Elektronen eingebaut werden, auch wenn ab der dritten Schale mehr als acht Elektronen Platz finden würden!

15. Vergleicht man die chemischen Elemente, so fällt auf, dass alle, die große chemische Ähnlichkeit besitzen, die gleiche Anzahl von Valenzelektronen aufweisen. Erklären Sie diese Beobachtung!

16. Das Magnesiumatom hat in seiner Valenzschale zwei Valenzelektronen. Welche Möglichkeiten gibt es für das Magnesiumatom, ein Elektronenoktett auf der Valenzschale zu erreichen? Welche davon wird verwirklicht? Begründen Sie Ihre Ansicht!

1. Massenverhältnisse

Das Gesetz von der Erhaltung der Masse

„Bei chemischen Reaktionen bleibt die Summe der an der Reaktion beteiligten Massen unverändert.“

Das bedeutet, die Summe der Massen der Edukte (Ausgangsstoffe) ist bei chemischen Reaktionen gleich der Summe der Massen der Produkte.

Dieser Satz gilt allerdings nur mit der Einschränkung, dass Masseumwandlungen in Energie bzw. umgekehrte Vorgänge nicht messbar sind.

Das Gesetz der konstanten Proportionen

„Jede Verbindung enthält die Elemente in einem festen naturgegebenen Verhältnis.“

Das heißt, das Verhältnis der Massen von Elementen, die sich zu einer chemischen Verbindung vereinigen, ist konstant. Dadurch wird der Unterschied zwischen Verbindung und Gemenge deutlich.

Im schwarzen Kupferoxid (CuO) verhalten sich die Massen von Kupfer und Sauerstoff stets 3,97 : 1.
Dabei spielt es keine Rolle, welche Massenverhältnisse vor der Reaktion von Kupfer mit Sauerstoff vorlagen.

Das Gesetz der multiplen Proportionen

„Bilden Elemente verschiedene Verbindungen, dann stehen die Massen des einen Elements, die sich mit jeweils der gleichen Masse des anderen Elements zu verschiedenen Verbindungen vereinigen, zueinander im Verhältnis kleiner ganzer Zahlen.“

Die Elemente Eisen und Schwefel können zu zwei verschiedenen Verbindungen zusammentreten:
Eisenkies (FeS_2): 1 g Eisen bindet 1,14 g Schwefel.
Eisensulfid (FeS): 1 g Eisen bindet 0,57 g Schwefel.
Die beiden Schwefelmassen verhalten sich im Verhältnis 2 : 1.

2. Volumenverhältnisse

Die Gasgesetze

Boyle-Mariotte: (T = konst.) $p \cdot V = \text{konst.}$

Bei gleicher Temperatur ist das Produkt aus Druck und Volumen eines abgeschlossenen Gases konstant (unveränderlich).

Gay-Lussac: (p = konst.) $\frac{V}{T} = \text{konst.}$

(V = konst.) $\frac{p}{T} = \text{konst.}$

Die allgemeine Gasgleichung

Die allgemeine Gasgleichung leitet sich aus dem Boyle-Mariott'schen und Gay-Lussac'schen Gesetz ab. Mit ihr lassen sich bei gegebener Temperatur (T_1) und gegebenem Druck (p_1) vorliegende Volumina (V_1) von Gasexperimenten auf Normalbedingungen (273 K und 101,3 kPa) umrechnen.

$$\frac{p_0 \cdot V_0}{T_0} = \frac{p_1 \cdot V_1}{T_1}$$

Das Gesetz von Gay-Lussac und Humboldt

„Bei Gasreaktionen treten stets einfache und ganzzahlige Volumenverhältnisse auf."

Das bedeutet, Gase reagieren bei gleichem Druck und gleicher Temperatur in ganzzahligen Volumenverhältnissen miteinander.

Bei der Elektrolyse von Wasser erhält man stets Wasserstoffgas und Sauerstoffgas im Volumenverhältnis 2 : 1; bei der Synthese von Wasser aus den Elementen reagieren stets zwei Raumteile Wasserstoffgas mit einem Raumteil Sauerstoffgas zu zwei Raumteilen Wasserdampf.

Der Lehrsatz von Avogadro

„In gleich großen Raumteilen (Volumina) aller Gase befinden sich bei gleichem Druck und gleicher Temperatur die gleiche Anzahl von Teilchen (Atome bzw. Moleküle)."

Avogadro entwickelte die Theorie, dass die Teilchen von gasförmigen Elementen nicht aus Einzelatomen, sondern aus mindestens zwei Atomen bestehen.

Beispiel Chlorwasserstoffsynthese:

Im Experiment zeigt sich, dass stets ein Raumteil Wasserstoff mit einem Raumteil Chlorgas zwei Raumteile Chlorwasserstoffgas bildet. Nach Avogadro reagiert demzufolge ein Teilchen Wasserstoffgas mit einem Teilchen Chlorgas zu zwei Teilchen Chlorwasserstoffgas. Nachdem aber jedes Chlorwasserstoffteilchen sowohl Wasserstoff als auch Chlor enthalten muss, ergibt sich der Schluss, dass sowohl der Wasserstoff als auch das Chlor aus zweiatomigen Molekülen bestehen. Modell:

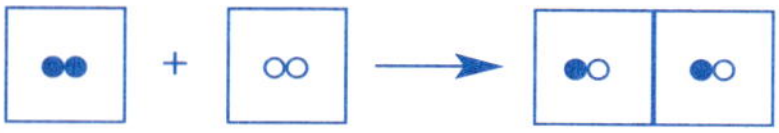

1 Rtl. H_2 + 1 Rtl. Cl_2 → 2 Rtl. HCl

INFOKASTEN

Dies lässt sich auf alle elementaren Gase, mit Ausnahme der Edelgase, anwenden. Alle anderen, bei Zimmertemperatur gasförmigen Elemente wie Wasserstoff, Sauerstoff, Stickstoff, Fluor und Chlor sowie die Elemente Brom und Jod bestehen aus zweiatomigen Molekülen.

3. Energieverhältnisse

Energieumwandlungen sind wesentliche Bestandteile jeder chemischen Reaktion.

Exotherme Reaktion

Hier wird Energie freigesetzt. Der Energieinhalt der Ausgangsstoffe ist größer als der der Reaktionsprodukte. Der Differenzbetrag wird als Reaktionsenergie freigesetzt.

Endotherme Reaktion

Hier muss Energie ständig zugeführt werden, um das gewünschte Reaktionsprodukt zu erhalten. Der Energieinhalt der Ausgangsstoffe ist niedriger als der der Reaktionsprodukte. Der Differenzbetrag ist die aufgenommene Energie.

Die Enthalpie (H)

Darunter versteht man einen bestimmten, aber unbekannten Energieinhalt eines chemischen Systems. Sie ist die Summe aus innerer Energie und Volumenenergie.

Die molare Reaktionsenthalpie ΔH_R:
Die Reaktionsenthalpie ΔH_R ist die messbare Wärmeenergie, die bei konstantem Druck gemessen wird. Sie ist die Differenz der Enthalpien von End- und Anfangszustand des stofflichen Systems. Bezieht man die Reaktionsenthalpie auf die Stoffmengen der Formelumsätze, so erhält man die molare Reaktionsenthalpie ΔH_R.
$\Delta H_R = H_E - H_A$

INFOKASTEN

ΔH_R hat bei exothermen Reaktionen einen negativen Wert, bei endothermen Reaktionen einen positiven Wert. Die Enthalpie wird in Joule (J) gemessen.

$2H_2 + O_2$	→	$2H_2O$; ΔH_R	= –571,8 kJ
$CuO + H_2$	→	$Cu + H_2O$; ΔH_R	= 120,6 kJ
$3ZnO + 2Fe$	→	$Fe_2O_3 + 3Zn$; ΔH_R	= +224,8 kJ

Die molare Reaktionsenergie ΔU_R:
Die Reaktionsenergie ΔU_R ist die messbare Wärmeenergie, die bei konstantem Volumen gemessen wird. Bezieht man die Reaktionsenergie auf die Stoffmengen der Formelumsätze, so erhält man die molare Reaktionsenergie ΔU_R.

Die molare Bildungsenthalpie ΔH_B:
Die Bildungsenthalpie ΔH_B ist definiert als die molare Reaktionsenergie, die der Bildungsreaktion von 1 mol einer Verbindung aus den Elementen entspricht. Ihre Einheit ist [kJ/mol].

Die molare Verbrennungsenthalpie ΔH_V:
Die Verbrennungsenthalpie ΔH_V ist definiert als die molare Reaktionsenthalpie, die der Verbrennungsreaktion von 1 mol eines Stoffes entspricht.

Die molare Standardbildungsenthalpie:
Molare Reaktionsenthalpien sind von Temperatur, Druck, Aggregatzustand und Modifikation der beteiligten Stoffe abhängig. Deshalb müssen zur Tabellierung von molaren Bildungs- und Verbrennungsenthalpien die Reaktionsbedingungen angegeben werden. Unter Standardbedingungen ($T = 25$ °C und $p = 101{,}3$ kPa) ermittelte molare Bildungsenthalpien bezeichnet man als molare Standardbildungsenthalpien.

Die Aktivierungsenergie (AE)

Darunter versteht man den Energiebetrag, den man zum Starten einer chemischen Reaktion einsetzen muss, auch wenn diese exotherm verläuft. In diesem Falle wird der Betrag der AE zusätzlich zur Reaktionsenthalpie wieder frei.

INFOKASTEN

Durch die Energiezufuhr stoßen die Teilchen infolge der Erhöhung ihres Energieinhaltes wirksam zusammen. Die Teilchen gehen in einen energiereicheren (aktivierten) Zustand über. Aus den aktivierten Teilchen entstehen dann Reaktionsprodukte.

Knallgasreaktion (Wassersynthese aus den Elementen): Wasserstoffgas und Sauerstoffgas lassen sich beliebig lange als Gemisch aufbewahren. Wird von außen Energie (AE) zugeführt (Funken, glühender Draht), dann kommt es zu einer heftigen, exothermen Reaktion (Explosion).

Energieniveauschema:

a) exotherme Reaktion

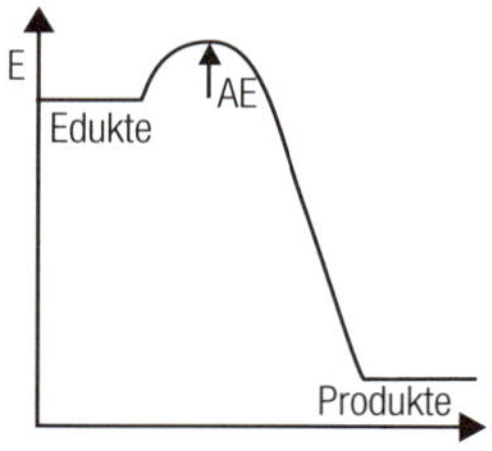

b) endotherme Reaktion

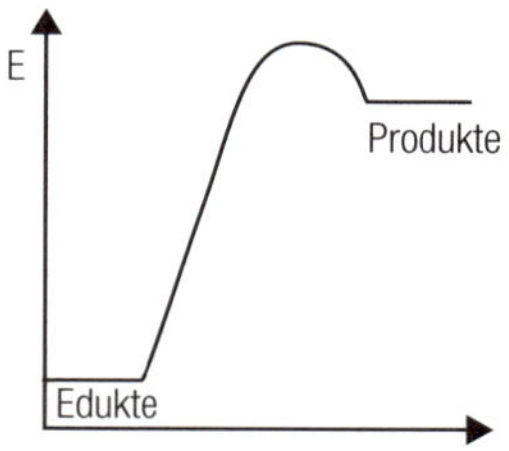

Die Aktivierungsenergie bildet einen Energieberg, der überwunden werden muss, damit es zu einer chemischen Reaktion kommt.

Stabilitätsverhältnisse

Metastabiler Zustand:
In diesem Zustand befinden sich die Edukte einer exothermen Reaktion bzw. die Produkte einer endothermen Reaktion, solange keine AE zugeführt wurde.

Instabiler Zustand:
Nach Zufuhr von AE gelangen die Systeme auf die Spitze des AE-Berges, sie befinden sich unmittelbar vor der chemischen Reaktion.

Stabiler Zustand:
Dies ist der energieärmste Zustand des jeweiligen Systems. Die Produkte einer exothermen Reaktion bzw. die Edukte einer endothermen Reaktion befinden sich im stabilen Zustand.

Der Katalysator

„Ein Katalysator ist ein Stoff, der eine chemische Reaktion beschleunigt und der am Ende der Reaktion wieder unverändert vorliegt.“

Katalysatoren wirken durch ihre spezifische Oberfläche, indem sie Bindungen von Molekülen lockern, die mit ihnen in Kontakt treten. Es werden instabile Zwischenverbindungen gebildet. Dadurch muss weniger AE zugeführt werden.

INFOKASTEN

Katalysatoren bestehen oft aus Metallen (z. B. Platin, Rhodium, Ruthenium) oder Metalloxiden.

Eine weitere Möglichkeit ist die Zerlegung der Reaktion in Teilreaktionen, die eine niedrige Aktivierungsenergie aufweisen.

Ohne Katalysator:	A + B	→	AB	E_A hoch
Mit Katalysator:	A + Kat.	→	AKat	E_A niedrig
	AKat + B	→	AB + Kat	E_A niedrig
Gesamt:	A + B	→	AB	

Katalyse:
Darunter versteht man das Einwirken von Katalysatoren auf chemische Reaktionen. Bei einer positiven Katalyse werden die Reaktionsabläufe beschleunigt, bei einer negativen Katalyse verzögert. Katalysatoren, die für eine negative Katalyse verantwortlich sind, nennt man auch Inhibitoren.

Die Entropie (S)

Die Entropie ist ein Maß für den ungeordneten Zustand eines Systems. Alle chemischen Systeme streben nach maximaler Entropie, also nach einem möglichst ungeordneten Zustand, d. h., die Zunahme der Unordnung (positiv) begünstigt eine Reaktion.

Die Entropie nimmt zu, wenn ein Feststoff zur Flüssigkeit wird, entweder in einer Lösung oder in einer Schmelze. Der größte Entropiezuwachs entsteht beim Übergang vom festen in den gasförmigen Zustand (Sublimieren). Daher verlaufen manche Reaktionen freiwillig, obwohl sie endotherm sind, z. B. Lösen von Salzen: Die Lösung kühlt sich dabei ab.

1. **In einem Erlenmeyerkolben, der etwa 1 cm hoch mit einer Natriumsulfatlösung gefüllt ist, steht ein kleinerer Kolben, der eine Bariumchloridlösung enthält. Der größere Kolben wird mit einem Stopfen verschlossen. Die ganze Anordnung wird auf einer Balkenwaage genau austariert. Anschließend wird der kleinere Kolben durch Schütteln zum Umfallen gebracht, sodass sich beide Lösungen vermischen. Es entsteht sofort ein weißer Niederschlag.**

a) Was erwarten Sie, wenn die Versuchsanordnung erneut auf die Balkenwaage gestellt wird?

b) Der weiße Niederschlag kann als Bariumsulfat identifiziert werden, in der Lösung findet man Natriumchlorid. Welchem Reaktionstyp kann man die abgelaufene Reaktion zuordnen?

2. **Bei der chemischen Reaktion A + B → AB soll ein Energiebetrag von 1500 kJ frei werden.**

a) Entscheiden Sie durch Rechnung, ob die Masse des Produkts kleiner oder größer ist als die Summe der Massen der Edukte!

b) Begründen Sie mit dem Ergebnis der Rechnung, ob eine solche Berechnung sinnvoll ist oder nicht!

3. **Eisenpulver und Schwefelpulver können in jedem beliebigen Massenverhältnis miteinander gemischt werden. Erhitzt man dieses Gemenge an einer Stelle, so glüht es langsam durch und es entsteht blauschwarzes Eisensulfid (FeS). Dabei haben mit 1 g Eisen genau 0,57 g Schwefel reagiert.**

a) Schlagen Sie eine sinnvolle Möglichkeit vor, wie man das Gemisch aus Eisen und Schwefel trennen könnte!

b) Was erwarten Sie, wenn man dieses Trennverfahren nach der Reaktion erneut durchführen würde?

c) Begründen Sie, warum Schwefel und Eisen immer nur in dem vorgegebenen Mengenverhältnis reagieren!

4. **Ein Eudiometer ist ein Glas- oder Kunststoffrohr, das an einem Ende verschlossen ist. Das andere Ende ist offen und taucht in ein Becherglas. Am verschlossenen Ende sind zwei Elektroden eingeschmolzen. Werden in ein solches Eudiometer über Paraffinöl als Sperrflüssigkeit 1 ml Chlorgas und 1 ml Wasserstoffgas eingefüllt und durch Anlegen von Hochspannung an die Elektroden zur Reaktion gebracht, so erhält man ein Gasvolumen von 2 ml.**

a) Was kann man daraus über die kleinsten Teilchen im Wasserstoff und im Chlor schließen?

b) Wenn man das Eudiometer mit 2 ml Wasserstoff und 1 ml Sauerstoff befüllt und es auf über 100 °C aufheizt, dann erhält man ein Volumen von 2 ml. Erklären Sie diesen Befund!

5. Ein Gemenge aus Zinkpulver und Schwefelpulver reagiert heftig unter Feuererscheinung zu Zinksulfid (eine Zink-Schwefel-Verbindung), wenn es an einer Stelle mit dem Bunsenbrenner kräftig erhitzt wird.

a) Zeichnen Sie für diese Reaktion ein beschriftetes Energieniveauschema!

b) Wie bezeichnet man eine derartige Reaktion hinsichtlich der Energiebeteiligung?

c) Welche Bedeutung kommt dem Erhitzen mit dem Bunsenbrenner zu?

d) Ordnen Sie die Begriffe „stabiler Zustand“, „metastabiler Zustand“ und „instabiler Zustand“ den entsprechenden Abschnitten der Zeichnung zu!

6. Begründen Sie, warum der Wert von ΔH_R bei exothermen Reaktion ein negatives und bei endothermen Reaktionen ein positives Vorzeichen bekommt!

7. Erwärmt man eine Wasserstoffperoxidlösung, so zerfällt das Wasserstoffperoxid in Wasser und in Sauerstoff. Diesen kann man durch das Aufflammen eines glimmenden Holzspans nachweisen. Taucht man in die Wasserstoffperoxidlösung ein Platinblech oder setzt eine geringe Menge Braunstein (Mangandioxid) zu, kommt es schon bei Raumtemperatur zu einer kräftigen Sauerstoffentwicklung.

a) Welche Funktion erfüllen hier das Platinblech bzw. der Braunstein?

b) Erläutern Sie die Funktionsweisen beider Stoffe!

8. Zum Beschreiben von chemischen Reaktionen werden in der Chemie Formelgleichungen verwendet. Diese enthalten Koeffizienten, damit bei den Edukten und den Produkten von jeder Atomart gleich viele Atome stehen und damit das Gesetz von der Erhaltung der Masse erfüllt ist. Diese Koeffizienten finden Sie am einfachsten, wenn Sie mit einem Element beginnen, das sowohl auf der Seite der Edukte als auch bei den Produkten in nur einer Verbindung mit möglichst unterschiedlichen Indizes vorkommt. Stellen Sie Formelgleichungen für die folgenden Reaktionen auf!

a) Mangandioxid (MnO_2) reagiert mit Salzsäure (HCl) zu Mangandichlorid ($MnCl_2$), Chlorgas (Cl_2) und Wasser.

b) Dieisentrioxid (Fe_2O_3) reagiert mit Kohlenstoffmonoxid (CO) zu Eisen und Kohlenstoffdioxid.

c) Beim „Rösten“ reagiert Pyrit (FeS_2) mit Sauerstoff (O_2) zu Dieisentrioxid und Schwefeldioxid (SO_2).

d) Divanadiumpentoxid (V_2O_5) reagiert mit Aluminium zu Vanadin und Dialuminiumtrioxid (Al_2O_3).

Unter Stöchiometrie versteht man die Lehre von der mengenmäßigen Zusammensetzung chemischer Verbindungen und der Berechnung chemischer Umsetzungen mithilfe mathematischer Hilfsmittel. Stöchiometrie ist also die Bezeichnung für „chemisches Rechnen", d. h. für das Aufstellen von quantitativen Formeln und Gleichungen aufgrund experimenteller Ergebnisse.

1. Relative Atommasse (m_A)

Die relative Atommasse m_A ist eine Verhältniszahl, die angibt, um wie viel ein bestimmtes Atom schwerer ist als $^1/_{12}$ der Masse des Kohlenstoffisotops ^{12}C. Die Bezugsgröße heißt atomare Masseneinheit 1 u.

2. Relative Molekülmasse (m_M)

Die relative Molekülmasse m_M wird durch Addition der relativen Atommassen errechnet, entsprechend der Molekülformel, z. B. relative Molekülmasse von Wasser.

Wasserstoff	$2 \cdot 1$ u
Sauerstoff	16 u
Wasser	18 u

INFOKASTEN

Mischelemente: Die meisten Elemente bestehen aus Isotopen mit unterschiedlichem prozentualem Anteil. Das ist eine Ursache für die Tatsache, dass die relativen Atommassen des Periodensystems nicht ganzzahlig sind.
Reinelemente: Sie weisen nur ein Isotop auf.

3. Der Molbegriff

Die Stoffmenge (n) ist eine Größe in der Chemie für die Anzahl der vorhandenen Teilchen. Ihre Einheit ist [mol]. Das Mol ist demnach eine messbare Menge von Atomen bzw. Molekülen.

Definition: „1 mol ist die Stoffmenge eines Systems, das aus ebenso vielen Teilchen besteht, wie in genau 12 g Kohlenstoff des Isotops ^{12}C enthalten sind". In Zahlen angegeben heißt das etwa $6 \cdot 10^{23}$ Teilchen.

INFOKASTEN

Für die Praxis hat sich folgende Definition bewährt: „1 mol eines Stoffes ist die Menge in Gramm, die von der relativen Atom- bzw. Molekülmasse zahlenmäßig angegeben wird."

1 mol Kohlenstoff	**=**	**12 g**
1 mol Wasser	**=**	**18 g**
1 mol Wasserstoff	**=**	**2 g**
1 mol Sauerstoff	**=**	**32 g**
1 mol Kupfer	**=**	**63,5 g**
1 mol Methan	**=**	**16 g**

Das Molvolumen (V_m)

Bei gasförmigen Stoffen wird häufig das Molvolumen, auch als molares Volumen bezeichnet, verwendet.

$$V_m = \frac{V}{n} \left[\frac{l}{mol}\right]$$

Das molare Volumen des idealen Gases beträgt bei 273 K und 101,3 kPa (Normalbedingungen) 22,4 Liter pro Mol.

Die Avogadrozahl (N_A)

Die Avogadrozahl gibt an, wie viele Moleküle bzw. Einzelatome in 1 mol eines Stoffes enthalten sind.

$N_A = 6{,}022 \cdot 10^{23}$

Die molare Masse (M)

Die molare Masse (M) ist der Quotient aus der Masse eines Stoffes und seiner Stoffmenge.

$$M = \frac{m}{n} \left[\frac{g}{mol}\right]$$

Sie ist die Masse (m) eines Mols, also von $6{,}022 \cdot 10^{23}$ Teilchen. Sie ist zahlenmäßig gleich der relativen Atommasse in u.

Zusammenhang von u und g:

$$1\ u = \frac{1\ g}{6{,}022 \cdot 10^{23}}$$

4. Stöchiometrische Wertigkeit

Die stöchiometrische Wertigkeit ist eine Zahl, die angibt, wie viele Wasserstoffatome ein Atom eines Elements binden oder in einer Verbindung ersetzen kann.

H_2O: Sauerstoff hat die Wertigkeit zwei. NH_3: Stickstoff hat die Wertigkeit drei.

Da die Wertigkeit von Sauerstoff stets zwei ist (außer bei Peroxiden), kann die Wertigkeit von Metallen in Verbindungen mit Sauerstoff (Oxiden) berechnet werden.

CuO: Kupfer ist zweiwertig. Al_2O_3: Aluminium ist dreiwertig.

Viele Schwermetalle wie z. B. Kupfer, Blei, Mangan und Eisen können mehrere Wertigkeiten haben (multiple Proportionen).

5. Aussagen einer chemischen Gleichung

Beispiel

Die Ammoniaksynthese-Gleichung $3H_2 + N_2 \rightarrow 2NH_3$ sagt Folgendes aus:

1. An der Reaktion nehmen die Elemente Wasserstoff und Stickstoff teil, es entsteht Ammoniak.

2. Drei Moleküle Wasserstoff und ein Molekül Stickstoff reagieren zu zwei Molekülen Ammoniak.

3. 3 mol Wasserstoff und 1 mol Stickstoff reagieren zu 2 mol Ammoniak.

4. 6 g Wasserstoff und 28 g Stickstoff ergeben 34 g Ammoniak.

5. 3 · 22,41 l = 67,21 l Wasserstoffgas und 22,41 l Stickstoffgas ergeben 2 · 22,41 l = 44,81 l Ammoniakgas.

Regeln zum Erstellen eines Rechenansatzes

1. Aufstellen der Reaktionsgleichung.

2. Unterstreichen des gesuchten und gegebenen Stoffes. Unter die unterstrichenen Formeln werden die molaren Massen, und zwar mit dem aus der Gleichung ent-

nommenen Koeffizienten multipliziert, angeschrieben. Wenn Volumina gegeben sind, muss das Molvolumen mit dem betreffenden Koeffizienten multipliziert werden.

3. Direkt unter die molaren Massen schreibt man die gegebenen Werte (in Gramm) bzw. den gesuchten Wert (x Gramm); wenn Volumina gegeben sind, muss der Wert bzw. x in Liter eingesetzt werden.

4. Aufstellen einer Verhältnisgleichung entsprechend der gegebenen und gesuchten Größen.

5. Ausrechnen der Verhältnisgleichung.

6. Formulierung des Ergebnisses.

Aufgabe: Wie viel Gramm Kohlenstoff braucht man, um aus 20 g Blei(II)-oxid Kohlenstoffdioxid und Blei herzustellen?

Lösung:

1. $2PbO + C \rightarrow CO_2 + 2Pb$
2. $\underline{2PbO} + \underline{C} \rightarrow CO_2 + 2Pb$
3. $2 \cdot 223$ g/mol $\qquad 1 \cdot 12$ g/mol
4. 20 g $\qquad$ x
5. $\dfrac{20\ g}{2 \cdot 223\ g/mol} = \dfrac{x}{1 \cdot 12\ g/mol}$
6. $x = \dfrac{20\ g \cdot 12}{2 \cdot 223}$

   $x = 0{,}538\ g$
7. Man benötigt 0,538 g Kohlenstoff.

Aufgabe: Wie viel Liter Kohlenstoffdioxid entstehen, wenn in einem Gasentwickler Salzsäure auf 50 g Calciumcarbonat einwirkt?

Lösung:

1. $CaCO_3 + 2HCl \rightarrow CaCl_2 + H_2O + CO_2$
2. $\underline{CaCO_3} + 2HCl \rightarrow CaCl_2 + H_2O + \underline{CO_2}$
3. $1 \cdot 100$ g/mol $\qquad 1 \cdot 22{,}4$ l/mol
4. 50 g $\qquad$ x
5. $\dfrac{50\ g}{1 \cdot 100\ g/mol} = \dfrac{x}{1 \cdot 22{,}4\ l/mol}$
6. $x = \dfrac{50 \cdot 22{,}4\ l}{100}$

   $x = 11{,}2\ l$
7. Aus 50 g Calciumcarbonat lassen sich 11,2 Liter Kohlenstoffdioxid herstellen.

1. **Geben Sie eine Definition des Begriffs relative Atommasse!**

2. **Berechnen Sie die relativen Molekülmassen der folgenden Verbindungen!**
   a) Schwefelsäure (H_2SO_4)
   b) Kaliumpermanganat ($KMnO_4$)
   c) Tetraphosphordekaoxid (P_4O_{10})
   d) Traubenzucker ($C_6H_{12}O_6$)

3. **Die relativen Atommassen und die damit berechneten relativen Molekülmassen sind in den allermeisten Fällen Dezimalzahlen. Geben Sie eine Begründung für diese Erscheinung!**

4. **Zeigen Sie durch Rechnung, warum der Zahlenwert der molaren Masse eines Stoffes gleich dem der relativen Molekülmasse ist!**

5. **Wie viele Moleküle Wasser sind in der Stoffportion $m(H_2O) = 5$ g enthalten?**

6. **Berechnen Sie die Masse eines Kupferatoms in Gramm!**

7. **Berechnen Sie die Dichte von Kohlenstoffdioxidgas unter Normalbedingungen!**

8. **Luft ist ein homogenes Gemenge, das im Wesentlichen aus vier Fünftel Stickstoff und einem Fünftel Sauerstoff besteht. Entscheiden Sie durch Rechnung, ob die Dichte von Schwefeldioxidgas größer oder kleiner als die Dichte der Luft ist!**

9. **Zur experimentellen Bestimmung der molaren Masse einer leicht flüchtigen und unzersetzt verdampfbaren Verbindung misst man das Volumen des Dampfes, der beim Verdampfen einer genau bestimmten Portion der Verbindung bei einem definierten Druck und einer definierten Temperatur entsteht. Berechnen Sie die molare Masse M(X) eines Stoffes X, wenn die Stoffportion m(X) = 370 mg bei einer Temperatur von 34 °C und einem Druck von 105,0 kPa genau 121,59 ml Dampf liefert!**

10. **Die stöchiometrische Wertigkeit ist ein wichtiges Hilfsmittel zum Erstellen von Summenformeln. Man kann sie aus dem Periodensystem entnehmen. Stellen Sie Summenformeln für die folgenden Verbindungen auf!**
    a) Aluminium-Chlor-Verbindung

b) Magnesium-Phosphorverbindung

c) Schwefel-Sauerstoff-Verbindung, in der der Schwefel seine maximale Wertigkeit hat.

d) Stickstoff-Sauerstoff-Verbindung, in der der Stickstoff einwertig ist.

e) Stickstoff-Wasserstoff-Verbindung

11. Bei Metallen kann man die Wertigkeit definieren als die Anzahl der Wasserstoffatome, die das Metall aus einer Säure freisetzen kann. Berechnen Sie die Wertigkeit von Aluminium, wenn 162 mg des Metalls bei der Reaktion mit einem Überschuss von Salzsäure daraus 201,7 ml Wasserstoffgas (unter Normalbedingungen) freisetzen!

12. Ein kugelförmiger Wetterballon mit einem Durchmesser von 70 cm soll bei 20 °C mit Wasserstoffgas unter einem Druck von 110,0 kPa befüllt werden. Der dazu benötigte Wasserstoff wird durch Reaktion von Zinkspänen mit verdünnter Salzsäure hergestellt. Berechnen Sie, wie viel Gramm Zinkspäne dafür notwendig sind!

13. In einem gegebenen Einfamilienhaus werden in einem Jahr zum Heizen und zur Warmwasserbereitung 1800 l Heizöl verbrannt. Berechnen Sie, mit wie viel Kilogramm Kohlenstoffdioxidgas dadurch die Atmosphäre belastet wird! Verwenden Sie dazu für das Heizöl die Formel $C_{10}H_{22}$ und setzen Sie eine vollständige Verbrennung voraus. Die Dichte von Heizöl beträgt 0,73 kg/l.

14. Pyrit (FeS_2) ist ein wichtiges Eisenerz. Bevor es jedoch im Hochofen zu Eisen verarbeitet werden kann, muss es zu Eisenoxid (Fe_2O_3) umgewandelt werden. Die geschieht durch Rösten. Pyrit reagiert dabei mit dem Sauerstoff der Luft zu Eisenoxid und Schwefeldioxid. Berechnen Sie, wie viele Kilogramm Schwefeldioxid beim Rösten von einer Tonne Pyrit entstehen!

15. Aus Kaliumpermanganat ($KMnO_4$) und konzentrierter Salzsäure kann man Chlorgas herstellen. Dabei fallen als Nebenprodukte Manganchlorid ($MnCl_2$), Kaliumchlorid und Wasser an. Berechnen Sie, wie viel Gramm Kaliumpermanganat notwendig sind, um zwei Liter Chlorgas (Normalbedingungen) herzustellen!

16. Beim Thermitverfahren werden Metalloxide mit Aluminiumpulver zu den entsprechenden Metallen reduziert. Dabei wird das Aluminium zu Aluminiumoxid oxidiert. Berechnen Sie, wie viel Gramm Aluminiumpulver notwendig sind, um 50 g Vanadiumoxid (V_2O_5) zu reduzieren!

1. Die Ionenbindung

Eine Ionenbindung liegt stets dann vor, wenn sich Metallatome mit Nichtmetallatomen verbinden. Dabei geben Metallatome alle Valenzelektronen an ein oder mehrere Nichtmetallatome ab, wodurch alle Bindungspartner die Edelgaskonfiguration erreichen.

Ein Metallatom wird dabei zum (positiv geladenen) Kation, das je nach Anzahl der abgegebenen Valenzelektronen eine, zwei oder auch drei positive Elementarladungen trägt. Ein Nichtmetallatom wird dabei zum (negativ geladenen) Anion, das analog zum Kation eine, zwei oder drei negative Elementarladungen trägt, je nach Anzahl der aufgenommenen Elektronen.

Angabe der Valenzelektronen durch Punkte bzw. durch Kreuzchen:

Die eckigen Klammern symbolisieren die Edelgaskonfiguration.

Kationen und Anionen ziehen sich durch ihre unterschiedliche Ladung elektrostatisch an; sie sind somit gebunden.

Ionenwertigkeit

Die Ionenwertigkeit ist gleich der Zahl der aufgenommenen bzw. abgegebenen Elektronen eines Atoms. Sie wird durch eine kleine arabische Zahl und das entsprechende Vorzeichen angegeben.

Na^{+} hat die Ionenwertigkeit +1, Al^{3+} hat die Ionenwertigkeit +3.

Ionengitter

Ionen bilden keine abgeschlossenen Moleküle aus, weil die jeweilige Ladung kugelförmige elektrische Felder um das Ion aufbaut, die auf entgegengesetzt geladene Felder (Ionen) nach allen Raumrichtungen anziehend wirken. Ein Kation zieht so viele Anionen an, wie es die Größe der beiden Ionenarten zulässt und umgekehrt. Dadurch entsteht ein Kristallgitter.

Beim Kochsalz (NaCl) entsteht ein Würfel, wobei stets sechs Chloridionen um ein Natriumion und sechs Natriumionen um ein Chloridion angeordnet sind.

Ionisierungsenergie

Die Ionisierungsenergie ist definiert als die Energie, die benötigt wird, um von einem Atom ein Elektron abzuspalten.

2. Die Atombindung

Eine Atombindung liegt stets dann vor, wenn sich Nichtmetallatome verbinden. Nichtmetallatome haben hohe Elektronegativitäten, d. h., sie ziehen ihre Valenzelektronen stark an. Daher kann die Edelgaskonfiguration nur so erreicht werden, dass die Bindungspartner gemeinsame bindende Elektronenpaare ausbilden.

Angabe der Valenzelektronen durch Punkte bzw. durch Kreuzchen:

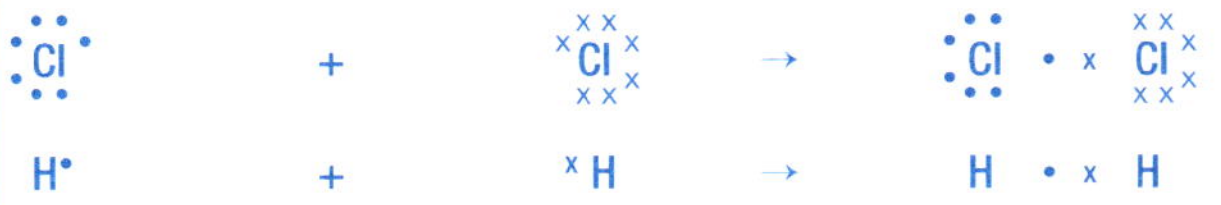

Valenzstrichformel:
Gemeinsame bindende Elektronenpaare werden durch Querstriche zwischen den Elementsymbolen angegeben.

Chlormolekül: $|\overline{\underline{Cl}} - \overline{\underline{Cl}}|$

Methanmolekül:

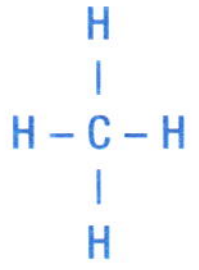

Die nicht zur Bindung verwendeten Valenzelektronen, die freien Elektronenpaare, werden auch paarweise zusammengefasst und durch Striche um die Elementsymbole angeordnet.

INFOKASTEN

Die Valenzelektronen der am Molekül beteiligten Atome müssen so verteilt werden, dass jedes Atom Edelgaskonfiguration erreicht.

Chlormolekül:	$\mid\overline{\underline{Cl}}-\overline{\underline{Cl}}\mid$
Wasser:	$H-\overline{\underline{O}}-H$
Ammoniak:	$H-\overline{N}-H$ $\mid$ H

Atomwertigkeit (Bindigkeit)

„Sie ist gleich der Zahl von Atombindungen, die ein Atom in einem Molekül ausbildet."

H–O–H	**Sauerstoff ist zweiwertig.**
H–H	**Wasserstoff ist einwertig.**

Mehrfachbindungen

Doppelbindung:
Manche Elementatome müssen zwei bindende Elektronenpaare zwischen sich ausbilden, um die Edelgaskonfiguration zu erreichen.

Das Sauerstoffmolekül:

Elektronenformel: 

Valenzstrichformel: $\overline{\underline{O}}=\overline{\underline{O}}$

Dreifachbindung:
Hier müssen drei bindende Elektronenpaare ausgebildet werden, um die Edelgaskonfiguration zu erreichen.

Das Stickstoffmolekül:

Elektronenformel: 

Valenzstrichformel: $\mid N\equiv N\mid$

Mesomerie

Darunter versteht man, dass die tatsächliche Elektronenverteilung in den Bindungen eines Moleküls durch eine Valenzstrichformel nicht exakt wiedergegeben werden kann.

Grenzformeln:
Dies sind Valenzstrichformeln (Strukturformeln), die die tatsächliche Elektronenverteilung umschreiben.

Mesomeriepfeil (↔):
Der Mesomeriepfeil kennzeichnet die Zusammengehörigkeit mehrerer Grenzformeln.

Formale Ladung:
Hat ein Atom innerhalb einer Grenzformel nicht die Anzahl von Elektronen, die der Anzahl der Valenzelektronen entspricht, so erhält es eine entsprechende Zahl positiver bzw. negativer Ladungen. Sie werden von einem Kreissymbol umgeben, um sie von tatsächlichen Ladungen zu unterscheiden. Die maßgebliche Elektronenzahl wird dadurch ermittelt, dass die Atombindungen im Molekül halbiert werden.

Schwefelsäure:

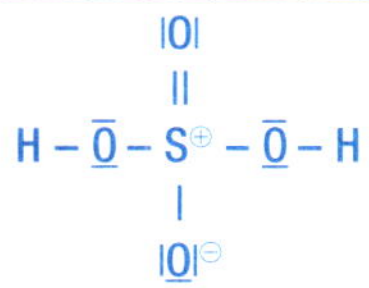

INFOKASTEN

Die erste Strukturformel enthält die beteiligten Atome mit ihren jeweiligen Valenzelektronen. Das Schwefelatom besitzt nach Halbierung der Atombindungen nur noch fünf Elektronen. Da es aber sechs Valenzelektronen hat, erhält es eine positive Formalladung. Das Sauerstoffatom, das nur mit dem Schwefelatom verbunden ist, besitzt sieben Elektronen (einschließlich der freien Elektronenpaare) und erhält eine negative Formalladung, weil es nur sechs Valenzelektronen hat. Ist das Molekül nach außen ungeladen, dann heben sich die Formalladungen im Molekül gegenseitig auf.

Registrierformel:
Sie gibt die tatsächliche Elektronenverteilung am besten wieder. Es wird die Grenzformel gewählt, in der die wenigsten Ladungen auftreten und in der möglichst viele der beteiligten Atome ihre maximale Bindigkeit erreicht haben.

Schwefelsäure:

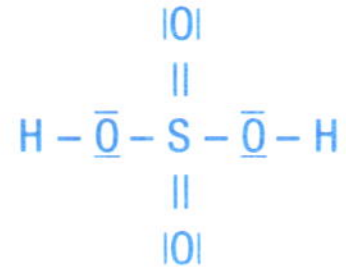

3. Die polare Bindung

Elektronegativität

Darunter versteht man das Bestreben eines Atoms, Bindungselektronen innerhalb eines Moleküls an sich zu ziehen. L. Pauling erstellte eine empirisch ermittelte Tabelle von relativen Elektronegativitätswerten der Hauptgruppenelemente. Danach trägt Fluor den höchsten Wert (4,0), Francium den niedrigsten (0,7).

Dipolcharakter eines Moleküls

Besteht eine Verbindung aus verschiedenen Atomen, die durch Atombindung miteinander verbunden sind, z. B. $H^{\delta+}$ ◄ $Cl^{\delta-}$, so ist die Bindung zwischen den Atomen durch die unterschiedlichen Elektronegativitäten polarisiert (Chlor ist elektronegativer als Wasserstoff).

INFOKASTEN

Chlor erhält daher eine negative Partialladung (gekennzeichnet durch δ^-), Wasserstoff eine positive (gekennzeichnet durch δ^+). Das Ergebnis ist ein Dipol.

Wasser

Wasser ist nur deshalb ein Dipol, weil das Molekül gewinkelt ist (Bindungswinkel = 104,5°). Somit liegt der negative Ladungsschwerpunkt am Sauerstoffatom und der positive zwischen den beiden Wasserstoffatomen.

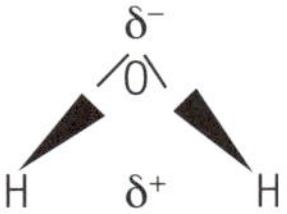

Hydratation

Unter Hydratation versteht man das Umhüllen von Ionen durch Wasserdipole. Die so entstandene Hydrathülle verhindert die gegenseitige Anziehung der Ionen. Die Hydratation ist ein exothermer Prozess und trägt so wesentlich zur Überwindung der Gitterkräfte bei. Dies ist Voraussetzung für das Lösen des Salzes.

Kation:

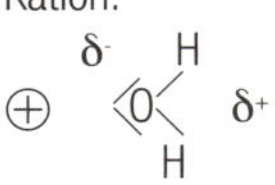

Anion:

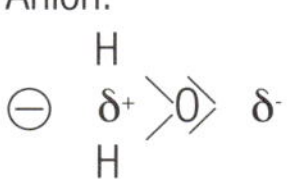

4. Die Metallbindung

Metallatome haben eine so geringe Elektronegativität, dass sie ihre Valenzelektronen leicht abspalten. Sie erreichen somit die Edelgaskonfiguration.

Die entstandenen Atomrümpfe sind von frei beweglichen Valenzelektronen umgeben (Elektronengas). Die Atomrümpfe werden durch die elektrische Anziehung zusammengehalten. Die kugelförmigen Atomrümpfe bilden somit ein leicht verformbares Kristallgitter. Die frei beweglichen Elektronen bedingen die elektrische Leitfähigkeit der Metalle.

INFOKASTEN

Das Elektronengasmodell der Metallbindung findet seine Grenze bei der Erklärung des Halbleiterphänomens.

Kräfte zwischen den Teilchen

Van-der-Waals-Kräfte:
Unter Van-der-Waals-Kräften versteht man die einfachen Anziehungskräfte zwischen den Teilchen (z. B. in Edelgasen oder unpolaren Molekülen). Sie wurden nach dem niederländischen Physiker Johannes van der Waals benannt.

INFOKASTEN

Durch eine kurzzeitig auftretende asymmetrische Verteilung der Elektronen entstehen schwache Dipole, die auf benachbarte Moleküle einwirken. Diese Anziehungskräfte sind recht schwach. Sie verstärken sich mit zunehmender Elektronenzahl.

Wasserstoffbrückenbindung:
Eine Wasserstoffbrückenbindung tritt in solchen Stoffen auf, bei denen der Wasserstoff im Molekül stark polarisiert ist. Diese positiven Teilladungen des Wasserstoffs gehen mit negativen Teilladungen benachbarter Moleküle Wechselwirkungen ein.

INFOKASTEN

Diese Wechselwirkungen führen zu einem größeren Zusammenhalt der Teilchen und bedingen u. a. die vergleichsweise höhere Siedetemperatur des Wassers.

1. **Geben Sie an, welche Art der chemischen Bindung zwischen den folgenden Atomen ausgebildet wird!**

a) zwischen Kalium und Brom
b) zwischen Chlor und Chlor
c) zwischen Magnesium und Magnesium

2. **Beschreiben Sie in kurzen Worten das Zustandekommen folgender Bindungen!**

a) Metallbindung
b) Atombindung
c) Ionenbindung

3. **Stickstoffatome und Phosphoratome besitzen beide drei einzelne Elektronen und ein Elektronenpaar in der Valenzschale. Stickstoff bildet Moleküle, die aus zwei Atomen bestehen, der weiße Phosphor bildet vieratomige Moleküle. Schreiben Sie für beide Moleküle Valenzstrichformeln!**

4. **Welche Aussagen treffen die folgenden Formeln? Begründen Sie jeweils Ihre Ansicht!**

a) $CaCl_2$
b) NH_3
c) SO_2
d) NaF

5. **Das Molekül der Salpetersäure kann nicht durch eine Valenzstrichformel beschrieben werden.**

a) Eine denkbare Formel, bei der an das Stickstoffatom zwei Sauerstoffatome mit je einer Doppelbindung und eine OH-Gruppe mit einer Einfachbindung gebunden sind, ist falsch und darf in keinem Fall verwendet werden. Begründen Sie, warum!
b) Schlagen Sie eine Möglichkeit vor, wie das Molekül dargestellt werden kann!
c) Wie nennt man diese Erscheinung?

6. **Geben Sie an, welche der folgenden Bindungen polar sind und welche nicht! Geben Sie bei polaren Bindungen auch das positive und das negative Ende des Dipols an!**

a) Chlor-Chlor-Bindung
b) Fluor-Wasserstoff-Bindung
c) Kohlenstoff-Chlor-Bindung
d) Schwefel-Schwefel-Bindung

7. Obwohl eine Kohlenstoff-Sauerstoff-Bindung stark polar ist, ist das Molekül des Kohlenstoffdioxids vollkommen unpolar.

a) Welchen Rückschluss auf die räumliche Form des Kohlenstoffdioxidmoleküls können Sie daraus ziehen?

b) Zeichnen Sie eine Valenzstrichformel für das Kohlenstoffdioxidmolekül!

8. Bei der Reaktion von Chlorgas mit Wasserstoffgas findet man im Reaktionsprodukt Chlorwasserstoff eine polare Atombindung. Lässt man Natrium mit Chlor reagieren, so liegen im Reaktionsprodukt Natriumchloridionen vor. Geben Sie für dieses unterschiedliche Verhalten eine Erklärung!

9. Wie lassen sich die folgenden Eigenschaften eines Metalls mit dem Elektronengasmodell der metallischen Bindung erklären?

a) elektrische Leitfähigkeit

b) Widerstandsverhalten

c) Weichheit und Biegsamkeit

10. Welches Phänomen lässt sich mit dem Elektronengasmodell nicht zufriedenstellend erklären?

11. Neben den Bindungskräften beeinflussen auch die zwischenmolekularen Kräfte die Stoffeigenschaften entscheidend.

a) Ordnen Sie die folgenden drei aufgeführten zwischenmolekularen Kräfte nach zunehmender Stärke!

1) Anziehungskräfte zwischen permanenten Dipolen
2) Wasserstoffbrückenbindungen
3) Van-der-Waals-Kräfte

b) Erläutern Sie in kurzen Worten die Entstehung von Van-der-Waals-Kräften!

12. Ordnen Sie die Siedepunkte –161 °C, +19 °C, +100 °C den folgenden Verbindungen zu: Wasser, Methan, Fluorwasserstoff. Begründen Sie Ihre Entscheidung!

13. Lässt man Wasser in einem dünnen Strahl senkrecht nach unten auslaufen, so wird dieser Strahl abgelenkt, wenn man einen elektrisch aufgeladenen Kunststoffstab daneben hält. Ein Strahl aus Tetrachlormethan (CCl_4) dagegen lässt sich nicht beeinflussen.

a) Erklären Sie den unterschiedlichen Verlauf der beiden Experimente!

b) Welche Rückschlüsse auf die räumliche Form beider Moleküle lässt dieses Experiment zu? Begründen Sie Ihre Ansicht!

1. Säure-Base-Reaktionen

Im Laufe der Jahrhunderte wurden verschiedene Vorstellungen zu Säure-Base-Begriffen entwickelt.

Säuren (nach Arrhenius)

Die vor allem für den Chemieanfänger leicht verständliche Definition nach Arrhenius heißt:
„Säuren sind chemische Verbindungen, die in wässriger Lösung in frei bewegliche Wasserstoffionen und Säurerestionen dissoziieren."

Chlorwasserstoffsäure HCl, Säurerest Chloridion (Cl^-)
$HCl \rightleftharpoons H^+ + Cl^-$
Schwefelsäure H_2SO_4, Säurerest Sulfation (SO_4^{2-})
$H_2SO_4 \rightleftharpoons 2H^+ + SO_4^{2-}$

Saure Reaktion:
Unter einer sauren Reaktion versteht man die Eigenschaft einer Lösung, Lackmusfarbstoff rot zu färben.

Bildung von Säuren:
Säuren entstehen bei der chemischen Reaktion von Nichtmetallen mit Wasser.

$SO_2 + H_2O$	$\rightarrow$	H_2SO_3
Schwefeldioxid		**schweflige Säure**
$CO_2 + H_2O$	$\rightarrow$	H_2CO_3
Kohlenstoffdioxid		**Kohlensäure**

Basen (nach Arrhenius)

Basen sind nach Arrhenius chemische Verbindungen, die in wässriger Lösung in elektrisch positiv geladene Metallionen und elektrisch negativ geladene Hydroxidionen dissoziieren.

Natriumhydroxid NaOH:
Reaktion in Wasser: $NaOH \rightleftharpoons Na^+ + OH^-$
Calciumhydroxid $Ca(OH)_2$:
Reaktion in Wasser: $Ca(OH)_2 \rightleftharpoons Ca^{2+} + 2OH^-$

Laugen:
So nennt man wässrige Lösungen von Basen, in der hydratisierte Hydroxidionen enthalten sind. Sie reagieren alkalisch.

Alkalische Reaktion:
Darunter versteht man die Eigenschaft einer Lösung, sich seifig anzufühlen und Lackmusfarbstoff blau zu färben.

Salze

Salze sind Stoffe, die aus Metallionen und Säureresten zusammengesetzt sind.

Säure-Base-Reaktion nach Brönsted

Säuredefinition nach Brönsted:
Säuren sind Teilchen, die bei Reaktionen Protonen (H^+) abgeben. Sie sind Protonendonatoren.

Basendefinition nach Brönsted:
Basen sind Teilchen, die bei Reaktionen Protonen (H^+) aufnehmen. Sie sind Protonenakzeptoren.

Verbindungen können nur dann als Säuren wirken, wenn gleichzeitig eine Base vorhanden ist, die das abgegebene Proton aufnehmen kann. Solche Protonenübergänge nennt man Protolysen. Stoffe, die je nach Reaktionspartner entweder Säure oder Base sein können, nennt man Ampholyte.

Wasser ist hier ein Ampholyt:

HCl +	H_2O	$\rightleftharpoons$	H_3O^+ +	Cl^-
S	B		S	B
NH_3 +	H_2O	$\rightleftharpoons$	NH_4^+ +	OH^-
B	S		S	B

Je eine Säure (S) und eine Base (B) bilden ein korrespondierendes Säure-Base-Paar.

HCl	$\rightleftharpoons$	Cl^-
S		B
H_3O^+	$\rightleftharpoons$	H_2O
S		B
HSO_4^-	$\rightleftharpoons$	SO_4^{2-}
S		B

Demzufolge sind an jeder Protolyse zwei korrespondierende Säure-Base-Paare beteiligt.

Protolysen sind stets Gleichgewichtsreaktionen.

Das Wasserstoffion H^+ ist eigentlich ein Proton. Es kommt in wässriger Lösung nicht frei vor, sondern bildet mit einem Wassermolekül das Oxoniumion (Hydroniumion) H_3O^+.

$$H^+ + H_2O \rightarrow H_3O^+$$
$$HCl + H_2O \rightarrow H_3O^+ + Cl^-$$
$$H_2SO_4 + 2H_2O \rightarrow 2H_3O^+ + SO_4^{2-}$$

Säure-Base-Definition von Lewis

Lewis' Definition bezieht in das Säure-Base-Konzept Stoffe mit ein, die nicht wasserstoffhaltig sind. Damit liefert er eine Erklärung, warum einige Stoffe, die nach Brönsted keine Säuren sind, saure Eigenschaften zeigen.

Säuren:
Lewis-Säuren sind Elektronenpaarakzeptoren, d. h., dass Säuren ein Elektronenpaar aufnehmen können.

Basen:
Lewis-Basen haben ein freies Elektronenpaar, das sie als Elektronenpaardonatoren abgeben.

Zwischen Säuren und Laugen bilden sich nach Lewis kovalente Bindungen.

Eine typische Lewis-Säure ist Aluminiumchlorid ($AlCl_3$). Ein Chloridion (Cl^-) als Lewis-Base kann mit einem freien Elektronenpaar eine dative kovalente Bindung zur Lewis-Säure $AlCl_3$ ausbilden. Cl^- ist der Elektronenpaardonator, $AlCl_3$ der Elektronenpaarakzeptator.
$AlCl_3 + Cl^- \rightarrow AlCl_4^-$

INFOKASTEN

Im Allgemeinen versteht man unter Säuren und Basen Stoffe, die nach der Brönsted-Definition Säuren oder Basen sind. Meint man Säuren und Basen im Sinne der Lewis-Definition, so bezeichnet man sie explizit als Lewis-Säuren oder Lewis-Basen.

Die Neutralisation

Oxoniumionen und Hydroxidionen verbinden sich zu Wasser.
$H_3O^+ + OH^- \rightarrow 2H_2O$

Am Äquivalenzpunkt haben alle H_3O^+-Ionen mit OH^--Ionen reagiert. Handelt es sich um eine starke Säure und eine starke Base (z. B. HCl und NaOH), ist die Lösung des entstandenen Salzes neutral. Bei einer schwachen Säure und einer starken Base (z. B. Essigsäure und NaOH) ist sie alkalisch, bei einer starken Säure und einer schwachen Base (z. B. HCl und NH_3) ist sie sauer.

Neutralisationsreaktionen:
Sie erfolgen nach dem Prinzip: Säure + Base → Salz + Wasser

$H_2SO_4 + Ca(OH)_2 \rightarrow CaSO_4 + 2H_2O$

2. Die Redoxreaktion

Die Oxidation

Einfachste Definition:
„Oxidation ist die Reaktion eines Stoffes mit Sauerstoff." Das entstandene Produkt heißt Oxid.

Kupfer wird zu Kupferoxid oxidiert:
$2Cu + O_2 \rightarrow 2CuO$

Allgemeingültige Definition:
„Oxidation ist die Elektronenabgabe eines Stoffes."

Kupfer wird zum Kupferion:
$Cu \rightarrow Cu^{2+} + 2e^-$

Die Reduktion

Einfachste Definition:
„Reduktion ist die Reaktion, bei der Verbindungen das Element Sauerstoff entzogen wird."

Kupferoxid wird durch Wasserstoff zu Kupfermetall reduziert:
$CuO + H_2 \rightarrow Cu + H_2O$

Allgemeingültige Definition:
„Reduktion ist die Elektronenaufnahme eines Stoffes."

Chlorgas wird zu Chloridionen reduziert:
$Cl_2 + 2e^- \rightarrow 2Cl^-$

Oxidationsmittel

Einfachste Definition:
„Das Oxidationsmittel ist der Sauerstoff abgebende Stoff."
Allgemeingültige Definition:
„Das Oxidationsmittel ist der Stoff, der Elektronen aufnimmt." Das Oxidationsmittel wird bei der Redoxreaktion reduziert.

Chlorgas nimmt Elektronen auf:
$Cl_2 + 2e^- \rightarrow 2Cl^-$

Reduktionsmittel

Einfachste Definition:
„Das Reduktionsmittel ist der Sauerstoff aufnehmende Stoff."
Allgemeingültige Definition:
„Das Reduktionsmittel ist der Stoff, der Elektronen abgibt." Das Reduktionsmittel wird bei der Redoxreaktion oxidiert.

Ein Natriumatom gibt sein Elektron ab und wird zum Natriumion oxidiert:
$Na \rightarrow Na^+ + e^-$

INFOKASTEN

Die „Leichtigkeit", mit der die Elektronen abgegeben werden, findet ihren Ausdruck im Redoxpotenzial bzw. Normalpotenzial des betreffenden Atoms bzw. Ions. Je unedler ein Metall ist, umso negativer ist sein Redoxpotenzial und umso stärker ist seine Wirkung als Reduktionsmittel. Das stärkste Reduktionsmittel ist die Kathode. Sie hat den größten Elektronendruck.

Redoxreaktion

Oxidations- und Reduktionsreaktionen sind immer gekoppelt, da die abgegebenen Elektronen der Oxidation in der Reduktion aufgenommen werden. Das Ergebnis als Summe beider Reaktionen nennt man Redoxreaktion.

Die Oxidationszahl

Oxidationszahlen sind Scheinladungen in Molekülen bzw. Ionen. Sie sind Hilfsmittel zum Erstellen komplizierter Redoxgleichungen; sie verdeutlichen die Oxidations- und Reduktionsvorgänge, d. h. die Elektronenübergänge.

Die Oxidationszahlen können als römische Ziffern mit positivem oder auch negativem Vorzeichen über dem Symbol angegeben werden.

Elemente besitzen immer die Oxidationszahl 0.

0	0
Cu	Cl_2

Elemente in Verbindungen: Bei Metallen entspricht die Oxidationszahl der Wertigkeit.

+II–II
FeO

Wasserstoff hat immer die Oxidationszahl +I. Sauerstoff hat immer (außer in Peroxiden) die Oxidationszahl –II.

+I–II
H_2O

In einfachen Ionen entspricht die Oxidationszahl der Ionenladung.

+I	–I
Na^+	Cl^-

In zusammengesetzten Ionen entspricht die Summe aller Oxidationszahlen dem Zahlenwert der Ionenladung.

–III+I
NH_4^+

In Molekülen bzw. Baueinheiten der Ionenverbindungen ist die Summe aller Oxidationszahlen 0.

+I+VI–II
H_2SO_4

In gedachten Atomgruppen organischer Verbindungen ist die Summe aller Oxidationszahlen 0.

−III+I
$-CH_3$

Die Differenz der Oxidationszahlen über dem jeweils gleichen Elementsymbol wird als aufgenommene bzw. abgegebene Elektronenzahl angeschrieben.

0		+II					+V		+II
Cu	→	Cu^{2+}	+	$2e^-$;	$3e^-$	+	NO_3^-	→	NO

Die Summe der Oxidationszahlen aller Edukte ist gleich der Summe der Oxidationszahlen der Produkte, da keine Elektronen verloren gehen können.

+I+VI−II		0		+II+VI−II		+IV−II		+I−II
$2H_2SO_4$	+	Cu	→	$CuSO_4$	+	SO_2	+	$2H_2O$

Oxidationszahlen sind auch Bestandteil des Namens einer Verbindung.

Eisen(III)chlorid; Schwefel(VI)oxid; Chrom(II)sulfat

Regeln zum Erstellen von Redoxreaktionen

1. Die Formeln der Edukte und Produkte werden laut Angabe angeschrieben und die Oxidationszahlen werden ermittelt.

Kupfer reagiert mit Salpetersäure zu Kupfernitrat und Stickstoffmonoxid:

0		+I+V−II		+II+V−II		+II−II
Cu	+	HNO_3	→	$Cu(NO_3)_2$	+	NO

2. Alle Verbindungen werden in Ionen zerlegt, soweit Ionenbindungen vorliegen.

0		+I		+V−II		+II		+V−II		+II−II
Cu	+	H^+	+	NO_3^-	→	Cu^{2+}	+	$2NO_3^-$	+	NO

3. Nur die Ionen bzw. Atome, bei denen sich die Oxidationszahlen über einem Elementsymbol geändert haben, werden beibehalten, die übrigen werden gestrichen.

0		+V−II		+II		+II−II
Cu	+	NO_3^-	→	Cu^{2+}	+	NO

4. Die Oxidations- und Reduktionspartner werden ermittelt (bei Oxidationen wird die Oxidationszahl positiver, bei Reduktionen negativer).

Oxidation: $\overset{0}{Cu} \rightarrow \overset{+II}{Cu^{2+}}$ **Reduktion:** $\overset{+V}{NO_3^-} \rightarrow \overset{+II}{NO}$

5. Ausgleich der Ladungen (Elektronen zählen wie Ionen) durch Oxoniumionen (H_3O^+) in sauren Lösungen bzw. Hydroxidionen (OH^-) in alkalischen Lösungen.

$Cu \rightarrow Cu^{2+} + 2e^-$ **(Ladungen sind ausgeglichen)**
$4H_3O^+ + 3e^- + NO_3^- \rightarrow NO$

6. Stoffausgleich: Die Zahl der Sauerstoffatome bei Edukten und Produkten muss gleich sein. Diese gleiche Anzahl von Sauerstoffatomen wird durch das Hinzufügen einer entsprechenden Anzahl von Wassermolekülen erreicht.

$4H_3O^+ + 3e^- + NO_3^- \rightarrow NO + 6H_2O$

INFOKASTEN

Gleichzeitig wird dadurch auch die Zahl der Wasserstoffatome ausgeglichen.

7. Durch geeignete Multiplikation der Teilgleichungen wird die Zahl der Elektronen ausgeglichen. Durch Addition der beiden Teilgleichungen erhält man schließlich die Redoxreaktion.

$Cu \rightarrow Cu^{2+} + 2e^- \quad | \cdot 3$
$4H_3O^+ + 3e^- + NO_3^- \rightarrow NO + 6H_2O \quad | \cdot 2$
$3Cu + 8H_3O^+ + 2NO_3^- \rightarrow 3Cu_2^+ + 2NO + 12H_2O$

8. Die bei Regel 3 gestrichenen Ionen werden auf beiden Seiten in gleichen Mengen wieder hinzugefügt und zu sinnvollen ungeladenen Molekülen ergänzt.

$3Cu + 8H_3O^+ + 2NO_3^- \rightarrow 3Cu^{2+} + 2NO + 12H_2O$
ergänzt: $+ 6NO_3^-$:
$3Cu + 8HNO_3 + 8H_2O \rightarrow 3Cu(NO_3)_2 + 2NO + 12H_2O$

9. Durch Kürzen des überschüssigen Wassers entsteht die fertige Redoxreaktion.

$3Cu + 8HNO_3 \rightarrow 3Cu(NO_3)_2 + 2NO + 4H_2O$

1. Wie sind nach Arrhenius Säuren und Basen definiert?

2. Geben Sie an, welche der folgenden Verbindungen demnach Säuren, Basen oder keines von beiden sind!

a) HCl **b)** H_3COH **c)** H_2O
d) NH_3 **e)** KOH **f)** H_3PO_4
g) $MgBr_2$

3. Bromthymolblau löst sich in Wasser mit grüner Farbe. Gibt man zu einer solchen Lösung verdünnte Schwefelsäure, wird sie gelb. Bei der Zugabe einer Natriumhydroxidlösung verändert sich die Farbe nach blau. Geben Sie an, welche Farbe Sie jeweils bei den unter 2. genannten Verbindungen erwarten!

4. Vervollständigen Sie die folgenden Reaktionsgleichungen!

a) __________ + H_2O → H_2SO_4
b) Na_2O + __________ → 2NaOH
c) P_4O_{10} + __________ → $4H_3PO_4$
d) CaO + H_2O → __________

5. Leitet man Chlorwasserstoffgas auf Wasser, so zeigt die entstandene Lösung elektrische Leitfähigkeit. In Tetrachlormethan (CCl_4) löst sich Chlorwasserstoffgas ebenfalls, jedoch zeigt diese Lösung keine elektrische Leitfähigkeit. Erklären Sie dieses Versuchsergebnis mit der Definition von Säuren und Basen nach Brönsted!

6. Lässt man Bromwasserstoffgas mit Wasser reagieren, so erhält man eine Säure. Ammoniakgas reagiert mit Wasser zu einer alkalischen Lösung.

a) Geben Sie Formelgleichungen für beide Reaktionen an!
b) Wasser ist hier ein Ampholyt. Was versteht man unter einem derartigen Stoff?

7. Was versteht man unter einem korrespondierenden Säure-Basen-Paar?

8. Vervollständigen Sie jeweils die folgenden Säure-Basen-Paare!

a) HF / __________ **b)** OH^- / __________
c) HSO_4^- / __________ **d)** HPO_4^{2-} / __________
e) __________ / NO_3^- **f)** __________ / NH_3
g) __________ / OH^- **h)** __________ / S^{2-}
i) H_3O^+ / __________ **j)** HCO_3^- / __________

9. **Begründen Sie, warum reine Schwefelsäure und reine Salpetersäure keine Säureeigenschaften zeigen, wohl aber die verdünnten wässrigen Lösungen!**

10. **Was versteht man unter dem Begriff Neutralisation? Geben Sie eine Formelgleichung für den wesentlichen Vorgang an, der dabei abläuft!**

11. **Schreiben Sie Formelgleichungen für die folgenden Neutralisationsreaktionen!**

a) Natronlauge reagiert mit Schwefelsäure.
b) Calciumhydroxidlösung reagiert mit Salpetersäure.
c) Magnesiumhydroxid reagiert mit Salzsäure.
d) Bariumhydroxid reagiert mit Kohlensäure.
e) Phosphorsäure reagiert mit Kalilauge.

12. **Die Neutralisation ist die Grundlage eines wichtigen Analyseverfahrens, der Säure-Basen-Titration. Dabei wird eine definierte Menge einer Säure (oder Base) mit einer Base (oder Säure) bekannter Konzentration genau neutralisiert. Aus dem Verbrauch dieser Lösung kann dann die unbekannte Stoffmenge, Stoffportion oder Konzentration berechnet werden.**

a) Von 200 ml einer Natronlauge mit unbekannter Konzentration wird eine Probe von 25 ml genommen und mit einer Salzsäure mit c(HCl) = 0,1 mol/l genau neutralisiert. Dazu benötigt man 12,5 ml der Säure. Berechnen Sie die Stoffportion m(NaOH) in der Natronlauge! Geben Sie das Ergebnis in mg an.
b) Von 250 ml einer Salzsäurelösung mit unbekannter Konzentration wird eine Probe von 20 ml mit einer Kalilauge mit c(KOH) = 0,1 mol/l genau neutralisiert. Dazu sind 7,5 ml der Lauge notwendig. Berechnen Sie die Konzentration c(HCl) der Salzsäure in mol/l!
c) Von 250 ml einer Natronlauge unbekannter Konzentration werden 25 ml abgenommen und mit einer Salzsäure mit c(HCl) = 0,1 mol/l titiert. Durch eine Unachtsamkeit wird zu viel Salzsäure zugegeben. Um die Probe noch zu retten, werden 5 ml Natronlauge mit c(NaOH) = 0,1 mol/l zugesetzt. Jetzt werden insgesamt zur Neutralisation genau 23,75 ml der Salzsäure benötigt. Berechnen Sie die Stoffportion m(NaOH) in den 250 ml Natronlauge! Geben Sie das Ergebnis in mg an.

13. **Entscheiden Sie, ob es sich bei den folgenden Vorgängen um eine Oxidation, eine Reduktion oder um keines von beiden handelt! Begründen Sie Ihre Ansicht!**

a) $SO_4^{2-} \rightarrow SO_2$ b) $NO_3^{-} \rightarrow NH_3$
c) $SO_3^{2-} \rightarrow SO_4^{2-}$ d) $CrO_4^{2-} \rightarrow Cr_2O_7^{2-}$
e) $MnO_4^{2-} \rightarrow MnO_4^{-}$ f) $NH_3 \rightarrow NH_4^{+}$

Viele Reaktionen verlaufen nicht nur in einer Richtung; am Ende der Reaktion sind nicht 100 % Produkte bei 0 % Edukten entstanden. Ein Teil der Produkte reagiert wieder miteinander zu Edukten. Solche Reaktionen werden umkehrbare chemische Reaktionen genannt.

Allgemeine Gleichung:
$A + B \rightleftharpoons C + D$

Bei jeder umkehrbaren chemischen Reaktion bildet sich in einem abgeschlossenen System ein chemisches Gleichgewicht zwischen Edukten und Produkten aus. Das Gleichgewicht ist eingestellt, wenn Hin- und Rückreaktion mit gleicher Geschwindigkeit ablaufen. Zwischen Edukten und Produkten ist dann ein bestimmtes Mengenverhältnis erreicht, das sich nicht mehr ändert. Dieses Gleichgewicht ist dynamisch, d. h., es finden Hin- und Rückreaktionen auch nach Erreichen des Gleichgewichtes statt. Dieser Zustand wird durch zwei Halbpfeile $\rightleftharpoons$ angegeben.

Einstellzeit des chemischen Gleichgewichtes:
Darunter versteht man die Zeit vom Beginn der chemischen Reaktion bis zum Erreichen des chemischen Gleichgewichtes.

Lage des chemischen Gleichgewichtes:
So nennt man das erreichte Konzentrationsverhältnis der reagierenden Stoffe. Die Lage des chemischen Gleichgewichtes bleibt nach ihrer Einstellung unverändert.

Einstellbarkeit des chemischen Gleichgewichtes:
Das chemische Gleichgewicht ist von beiden Seiten einstellbar.

1. Die Reaktionsgeschwindigkeit (v)

Die Reaktionsgeschwindigkeit ist definiert als die Änderung der Konzentration der Produkte bzw. Edukte Δc_x in der Zeit t.

$$v = \frac{\Delta c_x}{\Delta t}$$

INFOKASTEN

Die Reaktionsgeschwindigkeit ist abhängig von der Temperatur, der Konzentration und dem Zerteilungsgrad der Stoffe.

Die Hinreaktion $A + B \rightarrow C + D$ verläuft mit einer bestimmten Geschwindigkeit (v_1).
Die Rückreaktion $C + D \rightarrow A + B$ verläuft mit einer bestimmten Geschwindigkeit (v_2).
Wenn sich das Gleichgewicht eingestellt hat, dann ist $v_1 = v_2$.

2. Das Massenwirkungsgesetz (MWG)

„Im Gleichgewichtszustand ist das Verhältnis des Produktes der Konzentrationen der Endstoffe (Produkte) und des Produktes der Konzentrationen der Ausgangsstoffe (Edukte) bei bestimmter Temperatur und bestimmtem Druck konstant."

Formel des MWG, bezogen auf die allgemeine Gleichung
$mA + nB \rightleftharpoons xC + yD$:

$$K = \frac{c(C)^x \cdot c(D)^y}{c(A)^m \cdot c(B)^n}$$

Gleichgewichtskonstante K

Die Gleichgewichtskonstante K ist für ein bestimmtes Gleichgewicht konstant.

$K = 1$ bedeutet absolutes Gleichgewicht zwischen den Edukten und Produkten, d. h., sie liegen in gleichen Mengen nebeneinander vor.
$K > 1$ bedeutet, dass mehr Produkte als Edukte nebeneinander vorliegen.
$K < 1$ bedeutet, dass mehr Edukte als Produkte nebeneinander vorliegen.

Veränderung der Konzentrationen im Gleichgewicht

„Eine Veränderung der Reaktionsbedingungen bewirkt in einem System, das sich im chemischen Gleichgewicht befindet, eine Veränderung der Konzentrationen im Gleichgewicht, die die veränderten Reaktionsbedingungen ausgleicht."

Die Veränderungen der Reaktionsbedingungen haben folgende Wirkungen auf die Veränderung der Konzentrationen im Gleichgewicht:

a) Temperatur: Eine Erhöhung fördert die endotherme Reaktion, eine Senkung fördert die exotherme Reaktion.
b) Druck: Nur bei Gasen sinnvoll; eine Erhöhung fördert die Reaktion, die unter Volumenabnahme verläuft. Eine Senkung fördert die Reaktion, die unter Volumenzunahme verläuft.
c) Konzentration: Eine Erhöhung fördert den Verbrauch des zugeführten Stoffes. Eine Verringerung (z. B. durch Entfernung des Produktes) fördert die Bildung des abgeführten Stoffes.

3. Das Löslichkeitsprodukt (L)

Das Löslichkeitsprodukt einer Verbindung ist das Produkt der Ionenkonzentration ihrer gesättigten Lösung. Eine gesättigte Lösung ist eine Lösung, die bei der betreffenden Temperatur keine weiteren Mengen des gelösten Stoffes zu lösen vermag (Bodensatz).

$AgCl \rightleftharpoons Ag^+ + Cl^-$

Für dieses Gleichgewicht gilt das MWG:

$$K = \frac{c(Ag^+) \cdot c(Cl^-)}{c(AgCl)}$$

Der Festkörper AgCl wird als konstant betrachtet, da seine Konzentration im Vergleich mit den Ionenkonzentrationen nahezu unendlich groß ist. Diese Konstante wird mit K multipliziert. Das Ergebnis ist eine neue Konstante L, das Löslichkeitsprodukt:

$L = c(Ag^+) \cdot c(Cl^-)$

Anwendung: Ist das Ionenprodukt einer Lösung größer als das Löslichkeitsprodukt L, so entsteht ein Feststoff-Niederschlag.

$L_{AgCl} = 10^{-10}\ (mol^2/l^2)$

Allgemein gilt für das Löslichkeitsprodukt eines Salzes A_xB_y:

$L = c(A)^x \cdot c(B)^y$

Aufgabe: Kommt es zu einem Niederschlag, wenn $(Ag^+) = 10^{-5}$ mol/l und $(Cl^-) = 10^{-4}$ mol/l betragen?

Lösung: $L = 10^{-5}$ mol/l $\cdot$ 10^{-4} mol/l $= 10^{-9}$ mol²/l². Das theoretische Löslichkeitsprodukt wird überschritten, es bildet sich ein Niederschlag von Silberchlorid (AgCl).

4. Die Säure- und Basenstärke

Säuren bilden mit Wasser Gleichgewichtsreaktionen, sog. Protolysen:

$HR + H_2O \rightleftharpoons H_3O^+ + R^-$. Eine solche Gleichgewichtsreaktion besagt, dass nicht alle Säuremoleküle (HR) in Ionen zerfallen sind bzw. mit dem Wasser zu Ionen reagiert haben.

Säurestärke

Starke Säuren sind weitgehend bzw. vollständig in Ionen zerfallen.

Schwache Säuren dagegen liegen dann vor, wenn nur wenige Moleküle in Ionen zerfallen sind.

Säurekonstante K_S

Durch Anwendung des MWG auf die Säureprotolyse folgt:

$$K = \frac{c(H_3O^+) \cdot c(R^-)}{c(HR) \cdot c(H_2O)}$$

Da die Konzentration des Wassers praktisch konstant ist, wird deren Wert mit der Gleichgewichtskonstante K multipliziert: $K \cdot c[H_2O] = K_S$

$$K_S = \frac{c(H_3O^+) \cdot c(R^-)}{c(HR)}$$

Die Säurekonstante K_S gibt Auskunft über die Säurestärke einer bestimmten Säure.

Säureexponent pK_S

Darunter versteht man den negativen dekadischen Logarithmus der Säurekonstante K_S: $pK_S = -\lg K_S$

Hat die Säurekonstante den Wert $10^{5,7}$, dann ist der pK_S-Wert –5,7.

INFOKASTEN

Je kleiner der pK_S-Wert, umso größer ist der Protonendruck eines Systems. Der pK_S-Wert ist unabhängig von der Konzentration.

Basenstärke

Basen bilden mit Wasser Gleichgewichtsreaktionen, sog. Protolysen:
$B + H_2O \rightleftharpoons BH^+ + OH^-$. Diese Gleichgewichtsreaktion besagt, dass nicht alle Basenmoleküle dem Wasser ein Proton entreißen konnten. Starke Basen reagieren vollständig oder weitgehend mit Wasser. Schwache Basen reagieren kaum mit Wasser.

Basenkonstante K_B

Durch Anwendung des MWG auf die Basenprotolyse folgt:

$$K = \frac{c(BH^+) \cdot c(OH^-)}{c(B) \cdot c(H_2O)}$$

Wasser wird (wie bei der Säurekonstante) als konstant betrachtet und mit der Gleichgewichtskonstante multipliziert:

$$K_B = \frac{c(BH^+) \cdot c(OH^-)}{c(B)}$$

Die Basenkonstante K_B gibt direkt Auskunft über die Basenstärke einer bestimmten Base.

Basenexponent pK_B

Darunter versteht man den negativen dekadischen Logarithmus der Basenkonstante K_B: $pK_B = -\lg K_B$

INFOKASTEN

Je kleiner der pK_B-Wert, umso größer ist die Fähigkeit, Protonen aufzunehmen. Der pK_B-Wert ist unabhängig von der Konzentration.

Zusammenhang zwischen pK_S und pK_B

In verdünnten Lösungen gilt:
$K_S \cdot K_B = c(H_3O^+) \cdot c(OH^-) = 10^{-14}\ mol^2/l^2$ (bei 22 °C)

Aus $K_S \cdot K_B = 10^{-14}$ folgt: $pK_S + pK_B = 14$

Somit lässt sich der pK_B-Wert berechnen, wenn der pK_S-Wert bekannt ist.

$NH_4^+ \rightleftharpoons NH_3 + H^+$; $pK_B = 4{,}75$; $pK_S = 14 - 4{,}75 = 9{,}25$

5. Der pH-Wert

Der pH-Wert ist definiert als der negative dekadische Logarithmus der Oxoniumionen-Konzentration (H_3O^+): $pH = -\lg c(H_3O^+)$

Aus der Autoprotolyse des Wassers lässt sich durch Anwendung des MWG das Ionenprodukt des Wassers formulieren: $K_W = c(H_3O^+) \cdot c(OH^-)$
$H_2O + H_2O \rightleftharpoons H_3O^+ + OH^-$ (Autoprotolyse)

Das Ionenprodukt des Wassers K_W hat bei 22 °C den Wert $10^{-14}\ mol^2/l^2$. In reinem Wasser gilt $[H_3O^+) = [OH^-)$, da Wasser weder sauer noch alkalisch reagiert.

Daher gilt: $c(H_3O^+) = c(OH^-) = 10^{-7}\ mol/l$
$pH = -\lg c(H_3O^+) = 7$

INFOKASTEN

pH-Werte von < 7 sind Kennzeichen saurer Lösungen, pH-Wert = 7 bedeutet neutrale Lösung. pH-Werte von > 7 sind Kennzeichen alkalischer Lösungen.

Indikatoren

Indikatoren sind organische Farbstoffe, die in sauren Lösungen eine andere Farbe als in neutralen und alkalischen Lösungen haben.

	alkalisch	sauer
Phenolphthalein:	rot	farblos
Methylorange:	rot	gelb
Lackmus:	blau	rot

Pufferlösungen

Pufferlösungen sind definiert als ein Gemenge von schwachen Säuren und ihren korrespondierenden Basen. Für gleiche Stoffmengen gilt: $pH = pK_S$

In Pufferlösungen ändert sich der pH-Wert nur unwesentlich, wenn geringe Mengen von Säuren bzw. Laugen zugegeben werden.

Aufgabe: Gegeben ist der Acetatpuffer ($pK_S = 4{,}76$) aus je 1 mol Essigsäure und 1 mol Acetat. 4 g Natriumhydroxid werden dazugegeben. Wie ändert sich der pH-Wert?

Lösung: Vor Laugenzugabe gilt $pH = pK_S = 4{,}76$, da gleich molare Lösung. Nach Laugenzugabe gilt: 4 g NaOH = 0,1 mol NaOH. Als starke Base zerfällt sie vollständig in Ionen. Es entsteht folgende Gleichgewichtsreaktion: $OH^- + HAc \rightleftharpoons Ac^- + H_2O$

Dabei reagiert die starke Base (OH^-) mit der Essigsäure (HAc) vollständig zu Wasser und Acetat (Ac^-).

Daraus folgt: c(HAc) nimmt um 0,1 mol/l ab: 0,9 mol/l
$c(AC^-)$ steigt um 0,1 mol/l: 1,1 mol/l.

Der Acetatpuffer bildet nun mit dem Wasser folgende Protolyse, auf die das MWG angewandt wird:

$HAc + H_2O \rightleftharpoons H_3O^+ + Ac^-$

$$K = \frac{c(H_3O^+) \cdot c(Ac^-)}{c(HAc) \cdot c(H_2O)} \qquad K_S = \frac{c(H_3O^+) \cdot c(Ac^-)}{c(HAc)}$$

$$(H_3O^+) = \frac{K_S \cdot c(HAc)}{c(Ac^-)}$$

$$pH = pK_S - \lg \frac{c(HAc)}{c(Ac^-)} = 4{,}76 - \lg \frac{0{,}9}{1{,}1} = 4{,}847$$

Der pH-Wert ändert sich nur unwesentlich.

ÜBUNGEN: DAS CHEMISCHE GLEICHGEWICHT

1. Es gibt verschiedene Arten von Gleichgewichten: das statische Gleichgewicht, das dynamische Gleichgewicht und das Fließgleichgewicht. Charakterisieren Sie die einzelnen Formen und entscheiden Sie, um welche Art von Gleichgewicht es sich beim chemischen Gleichgewicht handelt! Begründen Sie Ihre Ansicht!

2. In einer geeigneten Apparatur lässt man nacheinander gleiche Massen Zinkgrieß, Zinkspäne und Zinkstangen mit einem Überschuss an Salzsäure reagieren.

a) Schreiben Sie eine Formelgleichung für die in der Apparatur ablaufende chemische Reaktion!

b) Die Zeit, die zur Entwicklung von 100 ml Wasserstoffgas notwendig ist, wird in allen drei Fällen gemessen. Welches Ergebnis erwarten Sie? Geben Sie eine Begründung!

3. Für die Anhängigkeit der Reaktionsgeschwindigkeit von der Temperatur gilt die RGT-Regel. Sie besagt, dass sich die Reaktionsgeschwindigkeit bei einer Erhöhung der Temperatur um 10 °C verdoppelt.

a) Welche Zeit benötigt demnach eine Reaktion, die bei 20 °C in 15 Sekunden abläuft, bei 100 °C?

b) Eine Reaktion läuft bei 200 °C in genau 10 Sekunden ab. Wenden Sie die R-G-T-Regel an und beantworten Sie, wie lange diese Reaktion bei einer Temperatur von 0 °C dauert!

4. Die Reaktionsgeschwindigkeit kann durch den Einsatz eine Katalysators erhöht werden. Begründen Sie diese Erscheinung!

5. Entscheiden Sie jeweils, wie sich die Konzentrationen der Stoffe bei den folgenden Systemen, die sich im Gleichgewicht befinden, unter den angegebenen Bedingungen ändern! Begründen Sie jeweils kurz Ihre Ansicht!

a) $2SO_2 + O_2 \rightleftharpoons 2SO_3$; $\Delta H_{hin} = -n$ kJ
(Erhitzen)

b) $H_2 + I_2 \rightleftharpoons 2HI$; $\Delta H_{hin} = -m$ kJ
(Abkühlen)

c) $Fe(SCN)_{3\,(aq)} \rightleftharpoons Fe^{3+}_{(aq)} + 3SCN^-_{(aq)}$
(Zugabe von Wasser, Zugabe von NH_4SCN, Zugabe von $FeCl_3$ sowie Zugabe von NaCl)

d) $N_2 + 3H_2 \rightleftharpoons 2NH_3$; $\Delta H_{hin} = -x$ kJ
(Erhitzen, Druckerhöhung)

6. Das Massenwirkungsgesetz erlaubt die quantitative Beschreibung der Konzentrationen in chemischen Gleichgewichten.

a) Formulieren Sie das Massenwirkungsgesetz für die folgenden Gleichgewichte!

1) $CO_2 + C \rightleftharpoons 2CO$

2) $N_2 + 3H_2 \rightleftharpoons 2NH_3$

b) Was genau können Sie in einem kurzen Satz über die Konzentrationen der Stoffe im Gleichgewicht aussagen, wenn der Wert der Gleichgewichtskonstanten > 0 ist?

7. In einem verschlossenen Kolben mit dem Volumen V = 5 l hat sich bei einer Temperatur von 100 °C und einem Druck von 101,3 kPa das Gleichgewicht zwischen Joddampf, Wasserstoffgas und Jodwasserstoffgas eingestellt. Eine Analyse des Kolbeninhalts ergibt 0,5 l Wasserstoffgas, 0,5 l Joddampf und 4 l Jodwasserstoffgas. Berechnen Sie für diese Bedingungen die Gleichgewichtskonstante K!

8. Ethanol und Essigsäure stehen im Gleichgewicht mit Essigsäureethylester und Wasser.
Abkürzung Ethanol: EtOH
Abkürzung Essigsäure: HAc
Abkürzung Essigsäureethylester: EtOAc
$EtOH + HAc \rightleftharpoons EtOAc + H_2O$

a) Schlagen Sie zwei Möglichkeiten vor, wie man die Ausbeute an Essigsäureethylester erhöhen könnte!

b) Berechnen Sie die Konzentration des Esters im Gleichgewicht, wenn Folgendes gegeben ist:
Anfangskonzentration von Ethanol: $c_0(EtOH) = 0{,}1$ mol/l
Anfangskonzentration der Essigsäure: $c_0(HAc) = 0{,}2$ mol/l
Der Wert der Gleichgewichtskonstante soll 25 betragen.

9. Wir wissen, dass das Löslichkeitsprodukt von Bariumsulfat $1 \cdot 10^{-10}$ mol²/l² beträgt.

a) Berechnen Sie, wie viel mg Bariumsulfat in 200 ml Wasser maximal löslich sind!

b) Beantworten Sie, wie viel mol Bariumionen in 500 ml einer Schwefelsäure mit $c(H_2SO_4) = 0{,}1$ mol/l maximal als Verunreinigung enthalten sein können!

c) Beantworten Sie, wie hoch in einer Lösung die Konzentration der Sulfationen sein muss, damit in 500 ml maximal 10^{-9} g Bariumionen enthalten sein können!

10. Das Massenwirkungsgesetz kann auch auf das Protolysegleichgewicht von Säuren und Basen angewendet werden. Dies führt zur Säurekonstante K_S und Basenkonstante K_B.

a) Formulieren Sie für das Protolysegleichgewicht der Salzsäure die Säurekonstante K_S und geben Sie an, welcher Zusammenhang zwischen K_S und dem Säureexponent pK_S besteht!

b) Leiten Sie für das Protolysegleichgewicht der korrespondierenden Base Cl^- die Basenkonstante K_B ab und geben Sie an, welcher Zusammenhang zwischen K_B und dem Basenexponenten pK_B besteht!

c) Zeigen Sie mithilfe der Ergebnisse von a) und b), dass man sowohl die Stärke von Säuren als auch die von Basen mit dem pK_S-Wert angeben kann!

11. Gegeben sind die pK_S-Werte für die folgenden Systeme:
$NH_4^+ / NH_3 = 9{,}25$
$H_2S / HS^- = 7{,}1$
$HS^- / S^{2-} = 12{,}9$
Machen Sie aufgrund dieser Werte eine Aussage, welche Reaktion ablaufen wird, wenn man in eine Ammoniaklösung Schwefelwasserstoffgas einleitet! Geben Sie eine genaue Begründung!

12. Ordnen Sie die folgenden Säuren nach zunehmender Säurestärke!
1) Phosphorsäure ($pK_S = 2{,}12$)
2) Schwefelwasserstoff ($pK_S = 7{,}1$)
3) Kohlensäure ($pK_S = 6{,}37$)
4) Fluorwasserstoffsäure ($pK_S = 3{,}45$)
5) Salpetersäure ($pK_S = -1{,}4$)
6) Essigsäure ($pK_S = 4{,}75$)

13. Erläutern Sie kurz, worin sich die Aussagen von pK_S- und pH-Wert unterscheiden!

14. Der Dissoziationsgrad einer 0,1-molaren Ammoniaklösung beträgt 13 %. (Dies meint, dass von 100 Ammoniakmolekülen 13 zu NH_4^+- und OH^--Ionen reagiert haben.) Berechnen Sie den pH-Wert der Ammoniaklösung!

15. Eine Salzsäure mit c(HCl) = 0,1 mol/l ist zu 100 % dissoziiert. Berechnen Sie den pH-Wert einer solchen Salzsäurelösung!

16. Zeigen Sie durch Rechnung, warum der pH-Wert eines Acetatpuffers mit c(HAc) = $c(Ac^-)$ gleich dem pK_S-Wert der Essigsäure ist!

17. Um eine Pufferlösung herzustellen, werden 5,3 g Natriumcarbonat und 8,4 g Natriumhydrogencarbonat zu 500 ml gelöst.

a) Berechnen Sie den pH-Wert dieser Pufferlösung (pK_S HCO_3^- / CO_3^{2-} = 10,25)!

b) Geben Sie Formelgleichungen an, einmal für die Zugabe einer Säure und einmal für die Zugabe einer Base zu diesem Puffersystem!

c) Wie würde sich der pH-Wert dieses Puffersystems ändern, wenn man die angegebenen Stoffportionen statt zu 500 ml zu 1000 ml löst? Begründen Sie Ihre Ansicht!

18. Begründen Sie, warum man aus Salzsäure und Natriumchlorid kein Puffersystem herstellen kann!

19. 800 mg Natriumhydroxid werden einmal in 100 ml reinen Wassers und einmal in 100 ml eines Acetatpuffers aus 1 mol Essigsäure und 1 mol Natriumacetat gelöst (pK_S-Wert der Essigsäure = 4,75). Berechnen Sie, welche Änderung des pH-Wertes sich dadurch in beiden Fällen ergibt!

20. Mit einem hochempfindlichen Strommessgerät kann man zeigen, dass auch reinstes Wasser den elektrischen Strom leitet.

a) Welche Teilchen sind dafür verantwortlich?

b) Wie nennt man den Prozess, durch den diese Teilchen gebildet werden?

21. Indikatoren sind Farbstoffe, die in saurer Lösung eine andere Farbe aufweisen als in einer alkalischen Lösung. Die Farbe in einer neutralen Lösung entspricht der Mischfarbe aus der Farbe in saurer und der Farbe in alkalischer Lösung.

a) Welche Farbe erwarten Sie, wenn man Methylorange zu einer Salzsäurelösung gibt?

b) Bromthymolblau ist in alkalischer Lösung blau, in saurer Lösung gelb. Welche Farbe erwarten Sie in reinem Wasser?

c) Lackmus ist in neutraler Lösung violett. Eine verdünnte Natronlauge färbt Lackmus blau. Welche Farbe erwarten Sie, wenn man Lackmus zu einer verdünnten Salzsäure gibt?

22. Universalindikatoren sind Mischungen verschiedener Indikatorfarbstoffe. Damit kann man nicht nur erkennen, ob eine Lösung sauer oder alkalisch ist, sondern kann anhand einer beigefügten Farbskala den genauen pH-Wert ermitteln.

a) Welche Farben erwarten Sie bei pH = 4, pH = 7 und pH = 12, wenn das Gemisch aus Phenolphthalein, Bromthymolblau und Methylorange besteht?

b) Die Bestimmung des pH-Wertes einer Lösung ist nicht in allen Fällen möglich. Nennen Sie zwei Möglichkeiten, wo die Bestimmung mit Indikatoren versagt!

1. Galvanische Elemente

Taucht man zwei verschiedene Metalle (Elektroden) jeweils in Salzlösungen (Elektrolyte) des betreffenden Metalls, die durch eine Elektrolytbrücke (Stromschlüssel) verbunden sind, so kann zwischen den Metallen eine elektrische Spannung (ein Potenzial) gemessen werden. Das ist ein galvanisches Element.

Normalelektroden

Elektroden eines galvanischen Elementes nennt man Normalelektroden, wenn die Ionenaktivität der Metallionen in den betreffenden Salzlösungen 1 mol/l ist ($a(Me^{n+}) = 1$ mol/l). Jede Normalelektrode stellt mit ihrer Salzlösung ein Redoxsystem dar, man nennt es galvanisches Halbelement.

Kupfer wird in 1-molare $CuSO_4$-Lösung, Zink in 1-molare $ZnSO_4$-Lösung getaucht. Zwischen beiden Elektroden liegt eine Spannung von 1,11 Volt.

Zn	$\rightleftharpoons$	**$Zn^{2+} + 2e^-$**	**Zink-Normalelektrode**
$Cu^{2+} + 2e^-$	$\rightleftharpoons$	**Cu**	**Kupfer-Normalelektrode**
$Zn + Cu^{2+}$	$\rightleftharpoons$	**$Cu + Zn^{2+}$**	**galvanisches Element**

Normalwasserstoffelektrode

Die Normalwasserstoffelektrode besteht aus einem Platinblech, das in eine Schwefelsäure mit $a(H_3O^+) = 1$ mol/l eintaucht und von Wasserstoffgas mit einem Druck von 101,3 kPa umspült wird. Platin spaltet katalytisch die Wasserstoffmoleküle des Gases in Wasserstoffatome, die auf der Oberfläche des Platinblechs eine feste Wasserstoffelektrode bilden.

Die Normalwasserstoffelektrode ist der (willkürliche) Bezugspunkt für Spannungsmessungen zwischen galvanischen Elementen; ihr wird das Potenzial null zugeordnet.

Das Normalpotenzial

Zwischen Normalelektroden und der Normalwasserstoffelektrode treten Spannungswerte auf, die sog. Normalpotenziale (ε_0).

Das Normalpotenzial erhält ein negatives Vorzeichen, wenn die betreffende Normalelektrode an die Normalwasserstoffelektrode Elektronen abgibt bzw. im umgekehrten Fall ein positives Vorzeichen.

INFOKASTEN

Das Normalpotenzial kann als Stoffeigenschaft des betreffenden Elektrodenmaterials aufgefasst werden.

2. Die Spannungsreihe der Elemente

Ordnet man alle bekannten Normalpotenziale nach Größe und Vorzeichen, so erhält man die Spannungsreihe der Elemente – besser ihrer Redoxsysteme.

Tabellenausschnitt Metalle ε_0[V]:

K/K^+	Ca/Ca^{2+}	Na/Na^+	Mg/Mg^{2+}	Al/Al^{3+}	Zn/Zn^{2+}
−2,92	−2,76	−2,71	−2,38	−1,67	−0,76

Tabellenausschnitt Halogene ε_0[V]:

$I_2/2I^-$	$Br_2/2Br^-$	$Cl_2/2Cl^-$	$F_2/2F^-$
+0,54	+1,06	+1,36	+2,87

Jedes Metall reduziert die rechts von ihm stehenden Metallionen. Jedes Halogen oxidiert die links von ihm stehenden Halogenidionen.

Stärker negatives Normalpotenzial bedeutet höheren Elektronendruck als weniger negatives oder sogar positives Normalpotenzial einer anderen Normalelektrode. Dadurch ist eine Vorhersage möglich, in welche Richtung die Elektronen (d. h. der Strom) fließen werden.

Die Zink-Normalelektrode besteht aus Zinkmetall und Zinkionen:
Zn/Zn^{2+}: $\varepsilon_0 = -0{,}76$ V
Die Kupfer-Normalelektrode besteht analog dazu aus dem Halbelement
Cu/Cu^{2+}: $\varepsilon_0 = +0{,}35$ V
Aus den Vorzeichen der Normalpotenziale folgt: Die Elektronen wandern vom Zink zum Kupfer, also gibt Zink Elektronen ab, die Kupferionen nehmen sie auf.

Halbelement 1:	**Zn**	$\rightleftharpoons$	**$Zn^{2+} + 2e^-$**	**Oxidation**
Halbelement 2:	**$2e^- + Cu^{2+}$**	$\rightleftharpoons$	**Cu**	**Reduktion**
Gesamt:	**$Zn + Cu^{2+}$**	$\rightleftharpoons$	**$Cu + Zn^{2+}$**	**Redoxreaktion**

3. Die Nernst'sche Gleichung

Die Nernst'sche Gleichung erlaubt die Berechnung der tatsächlichen Potenziale von Halbelementen.

$$\varepsilon = \varepsilon_0 + \frac{R \cdot T}{n \cdot F} \ln \frac{c(Ox)}{c(Red)}$$

ε = tatsächliches Potenzial des Halbelements
ε_0 = Normalpotenzial
R = allgemeine Gaskonstante (8,31447 J mol^{-1} K^{-1})
T = Temperatur (K)
F = Faraday-Konstante (96485,34 C mol^{-1})
n = Anzahl der ausgetauschten Elektronen
c(Ox) = Konzentration der oxidierten Form; c(Red) = Konzentration der reduzierten Form

INFOKASTEN

Die Nernst'sche Gleichung entwickelte der deutsche Chemiker und Physiker Walther Nernst im Jahr 1889.

Für T = 298 K (= 25 °C) ergibt $\frac{R \cdot T}{F} \cdot$ Umrechnungsfaktor ln → lg (= 2,303) = 0,059.

Damit vereinfacht sich die Nernst'sche Gleichung zu $\varepsilon = \varepsilon^\circ + \frac{0{,}059}{n} \lg \frac{c(Ox)}{c(Red)}$.

Die Spannung eines galvanischen Elements berechnet sich dann als Differenz der Potenziale der beiden Halbelemente:
U = $\Delta\varepsilon$

Cu	$\rightleftharpoons$	$Cu^{2+} + 2e^-$
Reduzierte Form = Red		**Oxidierte Form = Ox**

Für die Konzentration des Metalls wird der Wert 1 eingesetzt.

Aufgabe: Wie ändert sich das Potenzial eines Kupfer-Halbelementes, wenn die Ionenkonzentration in der Kupfersalzlösung auf 2 mol erhöht wird?

Lösung: $\varepsilon = +0{,}35\ V + \frac{0{,}059}{2} \cdot \frac{c[Cu^{2+}]}{1}$

In einer 2-molaren Lösung ist (Cu^{2+}) = 2 mol/l
$\varepsilon = +0{,}35\ V + 0{,}003 \cdot \lg 2$
$\varepsilon = +0{,}359\ V$; d. h., der Elektronendruck ist geringer geworden.

4. Batterien

Taschenlampenbatterien

Die klassische Taschenlampenbatterie ist das Leclanché-Element, die Zink-Braunstein-Zelle. Sie besteht im Prinzip aus Zink und Braunstein (MnO_2), die sich in einem Elektrolyten befinden, der aus eingedicktem Ammoniumchlorid (NH_4Cl) besteht. Als Kathode dient ein Kohlestift, der von Braunstein umhüllt wird.

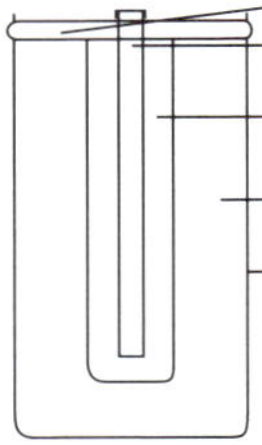

Zur Stromlieferung finden folgende chemische Reaktionen statt:

$Zn \rightarrow Zn^{2+} + 2e^-$

$2MnO_2 + 2e^- + 2H_3O^+ \rightarrow Mn_2O_3 + 3H_2O$

$Zn + 2MnO_2 + 2H_3O^+ \rightarrow Mn_2O_3 + 3H_2O + Zn^{2+}$

Die benötigten $2H_3O^+$-Ionen stammen aus der Protolyse der Ammoniumionen des Elektrolyten.

$NH_4^+ + H_2O \rightleftharpoons NH_3 + H_3O^+$

Der dabei gebildete Ammoniak würde als Gas die Batteriehülle sprengen. Das aber wird von den Zinkionen verhindert. Zusätzlich wird durch die Komplexbildung die Konzentration der Zinkionen immer niedrig gehalten.

$Zn^{2+} + 2NH_3 \rightarrow [Zn(NH_3)_2]^{2+}$

Das so gebildete Diaminzinkion verbindet sich mit den Chloridionen des Elektrolyten zu schwer löslichem Diaminzink(II)-chlorid. Dieses galvanische Element liefert 1,5 Volt.

INFOKASTEN

Um bei der Lagerung der Taschenlampenbatterien die Selbstentladung oder auch das Austrocknen zu verhindern, sollte man sie am besten im Kühlschrank lagern.

Bleiakkumulator

Bauprinzip:
Zwei Bleiplatten (Pb) tauchen in 20 %ige Schwefelsäure (H_2SO_4). Blei reagiert dabei (kurz) mit der Schwefelsäure zu Blei(II)-sulfat (schwer löslich!) und Wasserstoffgas.
$H_2SO_4 + Pb \rightarrow PbSO_4 + H_2$

Das schwer lösliche Bleisulfat verhindert die Auflösung der Bleiplatten in der Schwefelsäure. Dies ist kein galvanisches Element, da zwei gleiche Elektroden ($PbSO_4$) in einen Elektrolyten tauchen.

INFOKASTEN

Diese bekannte Batterie findet vor allem in Kraftfahrzeugen als Stromquelle für den Anlasser weite Verbreitung. Bleiakkumulatoren sind sehr beliebt, da sie als zuverlässig und preisgünstig angesehen werden. Allerdings weisen sie, verglichen mit anderen Akkumulatortechnologien, lediglich eine geringe Energiedichte auf und sind zudem relativ schwer.

Ladevorgang:
Durch Elektrolyse werden die Elektroden polarisiert: Die Kathode wird zum Minuspol und die Anode wird zum Pluspol.

Kathode:	$Pb^{2+} + 2e^-$	$\rightarrow$	Pb
Anode:	$Pb^{2+} + 6H_2O$	$\rightarrow$	$PbO_2 + 2e^- + 4H_3O^+$
	$2Pb^{2+} + 6H_2O$	$\rightarrow$	$Pb + PbO_2 + 4H_3O^+$
Stoffgl.:	$2PbSO_4 + 2H_2O$	$\rightarrow$	$Pb + PbO_2 + 2H_2SO_4$

Stromentnahme (Entladen):
Beim Entladen verlaufen die Redoxreaktionen des Ladevorgangs in umgekehrter Richtung.

⊖ Pol :	Pb	$\rightarrow$	$Pb^{2+} + 2e^-$	=	–0,28 V
⊕ Pol :	$PbO_2 + 2e^- + 4H_3O^+$	$\rightarrow$	$Pb^{2+} + 6H_2O$	=	1,78 V
	$Pb + PbO_2 + 4H_3O^+$	$\rightarrow$	$2Pb^{2+} + 6H_2O$	=	2,06 V
Stoffgl.:	$Pb + PbO_2 + 2H_2SO_4$	$\rightarrow$	$2PbSO_4 + 2H_2O$		

INFOKASTEN

Da beim Entladen Wasser gebildet wird, verdünnt sich die Schwefelsäure; die Spannung zwischen den Polen sinkt.

Polarisation

Zwei gleiche Metalle, die in den gleichen Elektrolyten tauchen, bilden kein galvanisches Element. Durch Elektrolyse können aber die Metalle mit unterschiedlichen Oberflächen versehen werden, sodass nun eine elektrische Spannung zwischen diesen Elektroden herrscht. Die Elektroden wurden polarisiert.

Taucht man zwei Platinbleche in verdünnte Schwefelsäure, so kann zwischen diesen Elektroden keine Spannung gemessen werden. Legt man von außen durch eine Gleichstromquelle eine Spannung an die Elektroden, so überziehen sich die Platinbleche mit einer Wasserstoff- bzw. Sauerstoffhaut. Somit haben sich Wasserstoff- und Sauerstoffelektroden gebildet.

Kathode:	$4H_3O^+ + 4e^-$	$\rightarrow$	$2H_2 + 4H_2O$
Anode:	$6H_2O$	$\rightarrow$	$O_2 + 4H_3O^+ + 4e^-$
Gesamt:	$2H_2O$	$\rightarrow$	$2H_2 + O_2$

Bei der Stromentnahme kehren sich die Redoxredaktionen um.

Brennstoffzelle

Sie stellt eine Energiequelle dar, die sich durch einen hohen Wirkungsgrad, niedrigen Brennstoffverbrauch und ihre Umweltfreundlichkeit auszeichnet.

Saure Zelle:
Die Elektroden bestehen aus porösen Nickelplatten, die in verdünnte Schwefelsäure tauchen. An der Anode wird unter Druck Wasserstoffgas eingeblasen, an der Kathode Sauerstoffgas (Nickel wirkt als Katalysator für die Spaltung der Wasserstoffmoleküle in Wasserstoffatome).
Stromentnahme:

Kathode:	$O_2 + 4H_3O^+ + 4e^-$	$\rightarrow$	$6H_2O$
Anode:	$4H_2O + 2H_2$	$\rightarrow$	$4H_3O^+ + 4e^-$
Gesamt:	$2H_2 + O_2$	$\rightarrow$	$2H_2O$

INFOKASTEN

Da ständig Wasser gebildet wird, verdünnt sich die Schwefelsäure; sie muss daher häufig erneuert werden.

Alkalische Zelle:
Die Nickelelektroden sind in Schwefelsäure nicht beständig und müssen daher oft ausgetauscht werden. In den alkalischen Zellen wird das vermieden. Elektrolyt ist hier Kalilauge (KOH).

Stromentnahme:

Kathode:	$O_2 + 2H_2O + 4e^-$	→	$4OH^-$
Anode:	$2H_2 + 4OH^-$	→	$4H_2O + 4e^-$
Gesamt:	$2H_2 + O_2$	→	$2H_2O$

5. Korrosionsvorgänge

Lokalelemente

Ein Lokalelement ist ein kurzgeschlossenes galvanisches Element, das sich in einem Elektrolyten befindet.

Eine Zinkelektrode wird mit einer Kupferelektrode über ein Amperemeter verbunden und in verdünnte Schwefelsäure gebracht. Dabei ist ein Stromfluss zu beobachten, wobei am Kupfer Wasserstoffgas entwickelt wird. Die Zinkelektrode löst sich allmählich auf.

Chemische Reaktion:

Zn	→	$Zn^{2+} + 2e^-$
$2H_3O^+ + 2e^-$	→	$H_2 + 2H_2O$ (am Kupfer!)

Die Entladung der H_3O^+-Ionen erfolgt nicht am unedlen Zink, wie eigentlich zu erwarten wäre, sondern am Kupfer. Dies ist der Fall, da die positiv geladenen Zinkionen die Annäherung der H_3O^+-Ionen an das Zink verhindern.

Der Korrosionsvorgang

Unter Korrosion versteht man die zerstörende Wirkung elektrochemischer Reaktionen des Metalls mit Stoffen der Umgebung von der Oberfläche her. Meist bilden sich dabei einfache galvanische Elemente.

Der Rostvorgang

Unter Rosten versteht man die chemische Reaktion von Eisen mit Wasser unter Mitwirkung von Sauerstoff.

INFOKASTEN

Der Rostvorgang kann nur schwer beendet werden, da der entstehende Rost ($Fe_2O_3 \cdot H_2O$) keine feste Schicht bildet, sondern leicht abblättert und somit dem Wasserdampf gute Kondensationsmöglichkeiten bietet.

Chemische Reaktionen:
Stufenweise Oxidation des Eisens:
$2Fe \rightarrow 2Fe^{2+} + 4e^-$
$O_2 + 2H_2O + 4e^- \rightarrow 4OH^-$
$2Fe^{2+} + 4OH^- \rightarrow 2Fe(OH)_2$
Das entstandene Eisen(II)hydroxid wird weiter oxidiert:
$4Fe(OH)_2 + 4OH^- \rightarrow 4Fe(OH)_3 + 4e^-$
$O_2 + 2H_2O + 4e^- \rightarrow 4OH^-$
Das Eisen(III)hydroxid wird schrittweise entwässert:
$4Fe(OH)_3 \rightarrow 4FeO(OH) + 4H_2O$
$4FeO(OH) \rightarrow 2Fe_2O_3 + 2H_2O$
Der Rost ist ein Gemisch aus Eisenoxidhydrat ($FeO(OH)$) und Eisen(III)oxid (Fe_2O_3).

Rostschutzmethoden

Es gibt eine Reihe von Methoden zum Schutz vor Rost. Im Folgenden sind einige davon aufgeführt.

Überzug mit schützenden Metallschichten:
Galvanisieren: Das Eisenwerkstück bildet die Kathode bei einer Elektrolyse mit der Salzlösung des schützenden Metalls. Geeignete Metalle sind: Nickel, Kupfer und Chrom. Ein wirksamer Schutz wird nur erreicht, wenn das Eisen lückenlos vom schützenden Metall überzogen wird, da bei einer Verletzung der Schutzschicht ein Lokalelement entsteht, wobei das unedlere Eisen oxidiert (rostet).

INFOKASTEN

Eine Ausnahme bildet das Zink: Eine Zinkschutzschicht schützt wirksam vor Korrosion, da Zink als unedles Metall in Lösung geht und Eisen als edleres Metall erhalten bleibt.

Festhaltende Überzüge aus deckenden Anstrichen:
Emaillieren: Das Eisenwerkstück wird mit einer Glasur aus Quarzsand überzogen und gebrannt.
Leinölfirnis mit Mennige (Pb_3O_4): Mennige hat eine leuchtend orangerote Farbe und war früher die bekannteste Rostschutzfarbe.

Chemisch widerstandsfähige Eisenverbindungen:
Rostumwandler arbeiten z. B. mit Tanninverbindungen, das sind Derivate der Gerbsäure. Andere Rostumwandler enthalten Phosphorsäure, die mit dem Eisen graues Eisenphosphat ($Fe_3(PO_4)_2$) bildet.

1. **Definieren Sie den Begriff „Halbelement"!**

2. **Ein Kupferhalbelement und ein Zinkhalbelement werden durch eine Elektrolytbrücke zu einem galvanischen Element verbunden.**

a) Wovon hängt die Spannung, die dieses galvanische Element liefern kann, ab?
b) Wovon hängt die Stromstärke ab?
c) Welche chemischen Reaktionen laufen bei der Stromentnahme ab? Schlagen Sie eine Möglichkeit vor, wie man dies zeigen könnte!

3. **Die Wasserstoff-Normalelektrode nimmt eine besondere Stellung ein.**

a) Wie ist eine Wasserstoff-Normalelektrode aufgebaut?
b) Warum hat man die Wasserstoff-Normalelektrode eingeführt?
c) Welche chemische Reaktion läuft an der Wasserstoff-Normalelektrode ab?

4. **In einem Versuch verwendet man eine Zinksulfatlösung, eine Kupfersulfatlösung und eine Silbernitratlösung. In diese Lösungen taucht man nacheinander ein Zinkblech, ein Kupferblech und ein Silberblech. Die folgende Grafik zeigt das Ergebnis (+ = sichtbare Reaktion, – = keine Reaktion).**

	Zink	Kupfer	Silber
Zn^{2+}	–	–	–
Cu^{2+}	+	–	–
Ag^{+}	+	+	–

a) Erklären Sie das Ergebnis des Experiments und formulieren Sie, wo möglich, Reaktionsgleichungen!
b) Wie müsste die Grafik aussehen, wenn Sie das System Au (Gold) Au^{3+} dazunehmen?

5. **Die Nernst'sche Gleichung ermöglicht die Berechnung des Potenzials eines Halbelements, wenn die Konzentrationen beliebig sind.**

a) Geben Sie die vereinfachte Form der Nernst'schen Gleichung an! Erklären Sie, woher die Zahl 0,059 kommt, die hier auftritt!
b) Berechnen Sie die Potenziale der folgenden Halbelemente!
1) Ein Manganblech taucht in eine Mangan(II)sulfat-Lösung mit $c(Mn^{2+}) = 0{,}5$ mol/l (ε_0 $Mn/Mn^{2+} = -1{,}18$ V).

2) Ein Kupferblech taucht in eine Kupfer(II)sulfat-Lösung mit $c(Cu^{2+}) = 0{,}1$ mol/l (ε_0 $Cu/Cu^{2+} = 0{,}35$ V).

c) Die in b) gegebenen Halbelemente werden zu einem galvanischen Element verbunden. Berechnen Sie die Spannung dieses galvanischen Elements und geben Sie darüber hinaus an, welches Halbelement Pluspol und welches Minuspol ist!

6. Erklären Sie die folgenden Beobachtungen aus elektrochemischer Sicht!

a) Mit Chlor kann man aus Bromiden und Jodiden Brom bzw. Jod freisetzen. Mit Brom kann man nur Jod aus Jodiden freisetzen.

b) Unedle Metalle reagieren mit Säuren unter Bildung von Wasserstoff.

7. Beantworten Sie!

a) Geben Sie Formelgleichungen an für die Vorgänge, die beim Laden eines Bleiakkumulators an der Anode und an der Kathode stattfinden. Fassen Sie beide Gleichungen zu einer Gesamtgleichung zusammen!

b) Leiten Sie daraus eine Möglichkeit ab, wie man ohne elektrisches Messinstrument den Ladezustand eines Bleiakkumulators überprüfen könnte!

8. Brennstoffzellen sind moderne elektrochemische Stromquellen. Geben Sie Formelgleichungen für die Reaktionen an der Anode und der Kathode einer alkalischen Brennstoffzelle an und fassen Sie diese zu einer Gesamtreaktion zusammen!

9. Warum darf eine Dachrinne aus Kupfer nicht mit verzinkten Nägeln befestigt werden?

10. Entscheiden Sie, ob Verzinnen oder Verzinken der bessere Korrosionsschutz für Eisen ist!

11. Das Leclanché-Element ist als Taschenlampenbatterie weitverbreitet.

a) Beschreiben Sie in kurzen Worten den Aufbau eines Leclanché-Elements!

b) Schreiben Sie Formelgleichungen für die Prozesse, die bei Stromentnahme an der Kathode und an der Anode ablaufen!

c) Woher stammen die Oxoniumionen, die bei der Reaktion an der Anode benötigt werden?

d) Steigt an der Kathode die Konzentration der Zinkionen, nimmt die Spannung des Elements ab. Erklären Sie, wie dieser Anstieg verhindert wird! Geben Sie eine Formelgleichung für den Vorgang an!

e) Welcher günstige Effekt wird damit zusätzlich erreicht?

f) Erklären Sie, warum ein Leclanché-Element auslaufen kann!

1. Das Periodensystem der Elemente

In der Mitte des vergangenen Jahrhunderts waren etwa 63 Elemente, darunter 50 Metalle bekannt. Verschiedene Gelehrte suchten nach einem Ordnungsprinzip, das wesentliche Zusammenhänge zwischen den Elementen verdeutlicht.

Unabhängig voneinander entwickelten der deutsche Chemiker Lothar Meyer und der russische Chemiker Dimitri Mendelejew im Jahre 1869 ein System, das als Periodensystem der Elemente (PSE) in die Geschichte einging. Die Elemente wurden nach ihren Atommassen einerseits und nach ihren Eigenschaften andererseits geordnet. Damals bekannte Elemente mit ähnlichen Eigenschaften wurden mit steigender Atommasse jeweils untereinander geschrieben.

INFOKASTEN

In dieser Übersicht traten Lücken auf. Mendelejew vertrat die Auffassung, dass es weitere noch unbekannte Elemente geben müsse und charakterisierte die noch fehlenden Elemente, die später gefunden wurden, mit großer Genauigkeit.

Der Atombau bestimmt die Reihenfolge der einzelnen Elemente im Periodensystem sowie die Zugehörigkeit zu den Gruppen. Auch die Einordnung der Elemente in die Perioden beruht auf dem Atombau.

Die Hauptgruppen

Ordnet man die Elemente nach steigenden Atommassen, so zeigen sich periodisch bei jedem neunten Element ähnliche Eigenschaften. Setzt man diese Elemente untereinander, so erhält man Elementfamilien, die Hauptgruppen. Sie tragen in der Kopfleiste des PSE die römischen Zahlen I bis VIII. Gruppen im PSE sind senkrecht angeordnet. Die Nummer der Hauptgruppe entspricht der Anzahl der Valenzelektronen dieser Atome.

Die Perioden

Werden die Elemente der Hauptgruppen nach steigender Atommasse ihrer Atome geordnet, dann kehren Atome mit einer bestimmten Anzahl von Valenzelektronen regelmäßig periodisch wieder. Jeweils nebeneinanderstehende Elemente bilden eine Periode. Sie ändern ihre charakteristischen Eigenschaften schrittweise mit der Atommasse. Das erste Element einer Periode ist dabei stets ein Leichtmetall (Alkalimetall), das letzte ein Edelgas. Sie sind mit den Großbuchstaben K bis Q bzw. mit den Zahlen 1 bis 7 versehen und sind im PSE waagrecht angeordnet. Die Nummer der Periode entspricht der Anzahl der besetzten Elektronenschalen sowie der Nummer der besetzten äußeren Elektronenschale.

INFOKASTEN

Da sich alle Elektronen in Abhängigkeit vom Atomkern bewegen, ordnet man Elektronen mit ähnlicher Entfernung vom Atomkern jeweils einer Elektronenschale zu. Die Valenzelektronen halten sich dann auf der äußeren Schale auf.

Die Ordnungszahl

Die Elemente tragen eine fortlaufende Nummer, die Ordnungszahl. Sie ist gleich der Anzahl von Protonen im Atomkern des jeweiligen Elements. Gleichzeitig wird damit auch die Elektronenzahl in der Hülle angegeben. Die Eigenschaften der Elemente sind von der Elektronenzahl der Valenzelektronen abhängig. Die Ordnungszahl steht im Symbol links neben dem Symbol für das Element.

Tabellenausschnitt aus dem PSE

(gekürzte Form, Hauptgruppen):

	I	II	III	IV	V	VI	VII	VIII
K	$_{1}H$							$_{2}He$
L	$_{3}Li$	$_{4}Be$	$_{5}B$	$_{6}C$	$_{7}N$	$_{8}O$	$_{9}F$	$_{10}Ne$
M	$_{11}Na$	$_{12}Mg$	$_{13}Al$	$_{14}Si$	$_{15}P$	$_{16}S$	$_{17}Cl$	$_{18}Ar$
N	$_{19}K$	$_{20}Ca$	* $_{31}Ga$	$_{32}Ge$	$_{33}As$	$_{34}Se$	$_{35}Br$	$_{36}Kr$
O	$_{37}Rb$	$_{38}Sr$	* $_{49}In$	$_{50}Sn$	$_{51}Sb$	$_{52}Te$	$_{53}I$	$_{54}Xe$
P	$_{55}Cs$	$_{56}Ba$	* $_{81}Tl$	$_{82}Pb$	$_{83}Bi$	$_{84}Po$	$_{85}At$	$_{86}Rn$
Q	$_{87}Fr$	$_{188}Ra$						

* Nebengruppenelemente sowie Lanthaniden und Actiniden siehe Seite 118.

INFOKASTEN

Die Kernmassenzahl, also die Zahl der Protonen plus Neutronen im Kern, schreibt man links oben neben das Symbol des Elements.

2. Die Hauptgruppenelemente

2.1 Der Wasserstoff H

Vom Wasserstoff existieren drei Isotope, die aus historischen Gründen eigene Namen und Elementsymbole besitzen: ^{1}H, normaler Wasserstoff, das weitaus häufigste Isotop; ^{2}H, schwerer Wasserstoff oder Deuterium (D); ^{3}H, überschwerer Wasserstoff oder Tritium (T). Tritium ist radioaktiv (ß-Strahler).

Eigenschaften:
Relative Atommasse 1,01; Dichte bei 0 °C und 101,3 kPa 0,09 g/l. Leichtestes Element; geruchlos; farblos; in Wasser bei Normaldruck fast unlöslich; brennbar, Entzündungstemperatur ca. 600 °C.

Herstellung:
a) Durch Elektrolyse von Wasser entsteht an der Kathode Wasserstoff. Durch Solarenergie ist eine wirtschaftliche Herstellung möglich:
$2H_2O \rightarrow 2H_2 + O_2$
b) Durch Reaktion unedler Metalle mit Säuren:
z. B. $Mg + 2HCl \rightarrow MgCl_2 + H_2$

Verwendung: Früher als Füllung für Luftschiffe verwendet (Explosionsgefahr!). Wird zum autogenen Schweißen und Schneiden (2700 °C) im Knallgasgebläse ($H_2 + O_2$) eingesetzt. Dient als wichtiges Reduktionsmittel, z. B. zum Reduzieren von Kupferoxid zu Kupfer: $CuO + H_2 \rightarrow Cu + H_2O$. In organischen Synthesen ist Wasserstoff als Hydrierungsmittel (= Addition von Wasserstoff) unentbehrlich.

Wasserstoffverbindung: Natürliches (Trink-)Wasser H_2O

Eigenschaften:
Wasser ist bei 20 °C eine farblose, geruchlose Flüssigkeit. Es hat einen abnormal hohen Siedepunkt bei 100 °C (auf Meereshöhe bei 101,3 kPa Druck). Die größte Dichte hat es bei +4 °C, bei weiterem Abkühlen auf 0 °C wächst das Volumen um 1/11. Eis schwimmt daher auf dem Wasser, somit bleibt darunter Leben in Seen und Flüssen möglich. Die Wärmeleitfähigkeit ist gering, es wirkt dadurch ausgleichend auf das Klima. Sehr geringe elektrische Leitfähigkeit (gilt nur für chemisch reines Wasser!).

Wasser schafft wesentliche Voraussetzungen für das Leben. Es stellt ein sehr wichtiges Lösungs- und Transportmittel in allen Lebewesen dar.

INFOKASTEN

Der Mensch besteht aus ca. 60 % Wasser. Das sog. Trinkwasser ist eine Lösung von verschiedensten Salzen in geringer Konzentration.

Herstellung:
Durch Knallgasreaktion:
$2H_2 + O_2 \rightarrow 2H_2O$

Wasserhärte:
Verantwortlich für die Wasserhärte sind gelöste Calcium- und Magnesiumsalze. Hartes Wasser bedeutet allgemein, dass es viele gelöste Calcium- und Magnesiumsalze enthält. Im natürlichen Kalkkreislauf nimmt das Regenwasser Kohlenstoffdioxid aus der Luft auf, es bildet sich Kohlensäure. Diese zersetzt Kalkstein unter Bildung von leicht löslichem Calciumhydrogencarbonat:
$H_2CO_3 + CaCO_3 \rightarrow Ca(HCO_3)_2$

Analog dazu verläuft das Lösen von Magnesiumcarbonat. Ein Teil dieser gelösten Salze gelangt in das Grundwasser und verursacht dort die Wasserhärte. Beim Erhitzen des Wassers werden leicht lösliche in schwer lösliche Verbindungen umgewandelt:
$Ca(HCO_3)_2 \rightarrow CaCO_3 + H_2O + CO_2$

INFOKASTEN

Die temporäre Härte (vorübergehende Härte) ist der Teil der Wasserhärte, der durch Erhitzen beseitigt werden kann. Die permanente Härte (bleibende Härte) wird von den Salzen gebildet, die beim Erhitzen nicht zerfallen. Temporäre und permanente Härte bilden zusammen die Gesamthärte.

Die Wasserhärte wird in Grad deutscher Härte (°dH) gemessen:
1 °dH = 1 mg CaO/100 ml = 0,18 mmol CaO/l

Wasserstoffverbindung: Wasserstoffperoxid H_2O_2

Wird als Bleich- und Desinfektionsmittel verwendet, da es leicht atomaren Sauerstoff abspaltet, der dann Farbstoffe und Bakterien zerstört:
$H_2O_2 \rightarrow H_2O + <O>$
Aus Wasserstoffperoxid kann man in einem Gasentwickler durch Zugabe eines entsprechenden Katalysators (Braunstein) kleinere Mengen Sauerstoff herstellen.

2.2 Die I. Hauptgruppe – Alkalimetalle

Lithium, Symbol Li (griech. lithos = Stein) $_{3}Li$

Eigenschaften:
Relative Atommasse 6,94; Dichte 0,53 g/cm^3; das leichteste Metall; verursacht bei Hautberührung Verbrennungen und Verätzungen; verbrennt in reinem Sauerstoff bei 180,2 °C zu Li_2O Lithiumoxid:
$4Li + O_2 \rightarrow 2Li_2O$

Natrium, Symbol Na (hebr. neter = Soda) $_{11}Na$

Eigenschaften:
Relative Atommasse 22,99; Dichte 0,97 g/cm^3; weiches, silbrig glänzendes Metall, das an der Luft rasch Oxidschichten bildet (Na_2O, Na_2CO_3). Es reagiert mit Wasser heftig zu Natronlauge (NaOH), einer alkalischen Lösung:
$2Na + 2H_2O \rightarrow 2NaOH + H_2$
Der dabei entstehende Wasserstoff kann mithilfe der Knallgasprobe nachgewiesen werden.
Die Reaktion mit Alkohol ist weniger heftig. Man verwendet deshalb Ethanol zur Vernichtung von Na-Metallresten:
$2Na + 2C_2H_5OH \rightarrow 2C_2H_5ONa + H_2$
Mit Quecksilber kommt es zur Bildung von Natriumamalgam (NaHg) unter Feuerschein.

INFOKASTEN

Zu beachten ist, dass Natrium stets unter Petroleum oder Paraffinöl aufbewahrt werden sollte!

Herstellung:
Durch Schmelzelektrolyse von Ätznatron (festes NaOH):

Schmelze:	$NaOH$	$\rightarrow$	$Na^+ + OH^-$
Kathode:	$4e^- + 4Na^+$	$\rightarrow$	$4Na$
Anode:	$4OH^-$	$\rightarrow$	$2H_2O + O_2 + 4e^-$

Verwendung: **Aufgrund der heftigen Reaktion mit Wasser wird Natrium in der organischen Chemie als Trocknungsmittel für Lösungsmittel, z. B. Ether, eingesetzt. Geschmolzenes Natrium wird in bestimmten Kernkraftwerken als Kühlmittel verwendet; in Natriumdampflampen wird es zur Gelbfärbung des Lichtes eingesetzt.**

Natriumverbindung: Natriumchlorid (Kochsalz) NaCl

Eigenschaften:
Bildet würfelförmige Kristalle, die in Wasser leicht löslich sind; in 100 g Wasser können sich bei 20 °C bis zu 35,85 g Kochsalz lösen, dann ist die Lösung gesättigt. Die Löslichkeit ist, wie bei allen Salzen, temperaturabhängig. Die Kristalle sind weiß, spröde und schmelzen bei 800 °C. Sie leiten nicht den elektrischen Strom. Dagegen können Schmelze und Natriumchloridlösung den elektrischen Strom leiten, weil dann das Salz in dissoziierter Form als Na^+ und Cl^- vorliegt. Als Steinsalz bildet es große Lagerstätten, die bergmännisch abgebaut werden. Aus dem Meerwasser wird es in großflächigen Salinen durch Verdunstung gewonnen.

Herstellung:
Durch direkte Synthese aus Natrium und Chlorgas:
$2Na + Cl_2 \rightarrow 2NaCl$

Verwendung: **Kochsalz ist ein wichtiger Ausgangsstoff zur Herstellung vieler Natrium- und Chlorverbindungen; dient auch der Chlorgasherstellung durch Elektrolyse.**

INFOKASTEN

Weitere Verwendungsmöglichkeiten: Als Speisewürze; als Auftaumittel bei Eisglätte; zur Herstellung von Kältemischungen (zusammen mit Eis können Temperaturen von –10 °C erreicht werden); als Konservierungsmittel zum Pökeln von Fleisch; zur Herstellung physiologischer Kochsalzlösung, die als Blutersatz bei hohem Blutverlust eingesetzt wird (0,9 %ige Lösung). In Gerbereien wird Kochsalz zum Verarbeiten von Tierhäuten, in der Textilindustrie als Zusatz beim Färben von Stoffen bzw. im Haushalt und Gewerbe zum Enthärten von Wasser verwendet.

Natriumverbindung: Natriumhydroxid (Ätznatron bzw. Natronlauge) NaOH

Eigenschaften:
Ätznatron ist ein weißer, kristalliner, stark ätzender und hygroskopischer (d. h. wasserziehender) Feststoff. Er muss luftdicht aufbewahrt werden, da er mit dem CO_2 der Luft Natriumcarbonat (Na_2CO_3) bildet:
$2NaOH + CO_2 \rightarrow Na_2CO_3 + H_2O$
Ätznatron reagiert unter Wärmefreisetzung mit Wasser zu Natronlauge (NaOH), einer starken Base.
NaOH kommt als Reinstoff in der Natur nicht vor; es muss daher hergestellt werden.

Herstellung:
Bei der elektrolytischen Herstellung aus Kochsalz, der sog. Chloralkalielektrolyse gibt es zwei technische Verfahren:
Diaphragmaverfahren: Der Kathoden- und Anodenraum wird durch ein Diaphragma (poröse Scheidewand) getrennt, um eine Durchmischung der Reaktionsprodukte zu verhindern. An der Kathode werden die durch Dissoziation des Wassers gebildeten Wasserstoffionen entladen, an der Anode werden die Chloridionen entladen, die aus der Dissoziation des Natriumchlorids stammen:

	$2H_2O$	$\rightleftharpoons$	$2H^+ + 2OH^-$
Kathode:	$2H^+ + 2e^-$	$\rightarrow$	H_2
	$2NaCl$	$\rightleftharpoons$	$2Na^+ + 2Cl^-$
Anode:	$2Cl^-$	$\rightarrow$	$Cl_2 + 2e^-$
Gesamt:	$2H_2O + 2NaCl$	$\rightarrow$	$H_2 + 2NaOH + Cl_2$

Die nicht entladenen Na^+- und OH^--Ionen verbleiben als NaOH in der Lösung.
Amalgamverfahren:
Hier wird als Kathode eine dünne Quecksilberschicht verwendet. Durch die Überspannung des Wasserstoffs an der Quecksilberelektrode und der hohen Konzentration der Natriumchloridlösung werden hier Natriumionen entladen. Die entstehenden Natriumatome bilden mit dem Quecksilber sofort ein Amalgam, d. h. eine Legierung. Dieses Amalgam reagiert in einem Zersetzer mit Wasser zu Natronlauge, Wasserstoff und Quecksilber, das in die Elektrolysezelle zurückgeführt wird.

Anode: $2Cl^- \rightarrow Cl_2 + 2e^-$
Kathode: $2Na^+ + 2e^- \rightarrow 2Na$
$2Na + Hg \rightarrow$ Na-Amalgam
Zersetzer: Na-Amalgam $+ 2H_2O \rightarrow 2NaOH + H_2 + Hg$

Obwohl dieses Verfahren zwar eine sehr reine, chloridfreie Natronlauge liefert, wird es wegen der Umweltbelastung durch das Quecksilber heute dennoch nicht mehr durchgeführt.

Natriumverbindung: Natriumcarbonat (Soda) Na_2CO_3

Eigenschaften:
Soda bildet wasserhaltige farblose Kristalle, die an der Luft ihr Kristallwasser leicht abgeben (verwittern) und zu einem weißen Pulver zerfallen. Es ist in Wasser leicht löslich. Die wässrige Lösung reagiert alkalisch, weil das Salz einer schwachen Säure (H_2CO_3 = Kohlensäure) eine starke Base ist. Mit relativ starken Säuren (z. B. HCl) reagiert Soda zu Wasser und Kohlenstoffdioxid und dem Salz der stärkeren Säure.
Eine starke Säure verdrängt die schwächere aus ihren Salzen:

$Na_2CO_3 + 2HCl \rightarrow 2NaCl + H_2O + CO_2$
($H_2O + CO_2 \rightarrow H_2CO_3$ Kohlensäure)

Soda kommt in einigen Salzseen auskristallisiert vor (Mexiko, Ostafrika und Ägypten).

Herstellung:
Solvayverfahren: Ammoniakgas und Kohlenstoffdioxid werden in eine gesättigte Kochsalzlösung eingeleitet. Dabei bildet sich dann schwer lösliches Natriumhydrogencarbonat ($NaHCO_3$), das anschließend in großen Drehöfen zu Soda gebrannt wird:

$$CaCO_3 \rightarrow CaO + CO_2$$
$$NH_3 + H_2O + CO_2 + NaCl \rightarrow NaHCO_3 + NH_4Cl$$
$$2NaHCO_3 \rightarrow Na_2CO_3 + H_2O + CO_2$$

INFOKASTEN

Das Solvayverfahren hat sich als sehr wirtschaftlich erwiesen, da freigesetztes CO_2 wieder eingesetzt wird und zudem teures Ammoniakgas wiedergewonnen wird:
$2NH_4Cl + CaO \rightarrow 2NH_3 + H_2O + CaCl_2$

Verwendung: **Zur Herstellung von synthetischen Tensiden (organische Chemie); zur Glasherstellung; in Ionenaustauschern zur Wasserenthärtung; zur Herstellung von Ultramarin.**

Natriumverbindung: Natriumhydrogencarbonat (Natriumbicarbonat, Natron) $NaHCO_3$

Eigenschaften:
Weißes, in Wasser lösliches Pulver; zerfällt bei 300 °C in Carbonat und CO_2 (siehe Solvayverfahren). Natriumhydrogencarbonat wurde früher unter der Bezeichnung Natron gegen Sodbrennen eingenommen. Dabei reagiert die Magensäure mit dem Natriumhydrogencarbonat unter Bildung von Kochsalz und Kohlensäure. Letztere zerfällt in Wasser und Kohlenstoffdioxid.

Verwendung: **Als Backpulver (Backtriebmittel, da CO_2-Bildung beim Erhitzen); als Brausepulver in Limonaden; Mittel gegen Sodbrennen, da es leicht alkalisch wirkt und somit die Magensäure neutralisiert; als Feuerlöschpulver.**

Natriumverbindung: Natriumsulfat (Glaubersalz) Na_2SO_4

Eigenschaften:
Farbloses, leicht lösliches, kristallines Salz. Die veraltete Bezeichnung ist schwefelsaures Natron. Glaubersalz bildet einige Lagerstätten, beispielsweise in Asien und Kanada.

Herstellung:
Aus Schwefelsäure und Kochsalz, nach folgendem Prinzip:
Die schwerflüchtige Säure (H_2SO_4 = Schwefelsäure) vertreibt die leichtflüchtige Säure (HCl = Salzsäure) aus ihren Salzen:
$H_2SO_4 + 2NaCl \rightarrow Na_2SO_4 + 2HCl$
Gebräuchlichere Herstellung aus einer gesättigten Lösung bestehend aus Magnesiumsulfat ($MgSO_4$) und Kochsalz:
$MgSO_4 + 2NaCl \rightarrow MgCl_2 + Na_2SO_4$

Verwendung: Bei der Glasherstellung; zur Zellstoff- und Papierherstellung; beim Färben; zur Herstellung pharmazeutischer Präparate.

Natriumverbindung: Natriumthiosulfat (Fixiernatron) $Na_2S_2O_3$

Eigenschaften:
Farblose, in Wasser leicht lösliche Kristalle.

Herstellung:
Durch Kochen von Natriumsulfitlösungen (Na_2SO_3) mit Schwefel:
$Na_2SO_3 + S \rightarrow Na_2S_2O_3$

Verwendung: Als Fixiersalz in der Fotografie dient es zum Herauslösen des unbelichteten Silberhalogenids (AgCl/AgBr). In Bleichereien wird es als Antichlor zum Entfernen des Chlors aus chlorgebleichten Geweben eingesetzt, da es Chlor zu Chlorid reduziert und selbst zu Sulfat oxidiert wird:

$$S_2O_3^{2-} + 15H_2O \rightarrow 2SO_4^{2-} + 10H_3O^+ + 8e^-$$
$$4Cl_2 + 8e^- \rightarrow 8Cl^-$$
$$S_2O_3^{2-} + 4Cl_2 + 15H_2O \rightarrow 2SO_4^{2-} + 8Cl^- + 10H_3O^+$$

Natriumverbindung: Natriumnitrat (Chilesalpeter) $NaNO_3$

Eigenschaften:
Farblose, hygroskopische, in Wasser leicht lösliche Kristalle. Natriumnitrat gibt beim Erhitzen leicht Sauerstoff ab, wobei Natriumnitrit entsteht:
$2NaNO_3 \rightarrow 2NaNO_2 + O_2$
Große Lagerstätten sind in Chile und in der Atacamawüste, kleinere in Ägypten, Kleinasien und Kolumbien.

Herstellung:
Durch Neutralisation von Salpetersäure (HNO_3) mit Natronlauge:
$HNO_3 + NaOH \rightarrow NaNO_3 + H_2O$

Verwendung: **Vorwiegend als Dünger. Zur Schwarzpulverherstellung ist es ungeeignet, da es hygroskopisch ist. Natriumnitrat kann zur Herstellung von Salpetersäure verwendet werden:**

$2NaNO_3 + H_2SO_4 \rightarrow 2HNO_3 + Na_2SO_4$

In Glasschmelzen wird es als Oxidationsmittel für bestimmte Farbeffekte eingesetzt.

Kalium, Symbol K (arab. al kalja = Pflanzenasche) $_{19}K$

Eigenschaften:

Relative Atommasse 39,10; Dichte 0,86 g/cm^3; ähnlich wie bei Natrium: ein weiches, leicht schneidbares Metall mit silbriger Schnittfläche, die an der Luft sofort durch Oxidation verschwindet. Kalium reagiert mit vielen Verbindungen und Elementen oft heftig. Es reagiert mit Wasser noch heftiger als Natrium, wobei sich der gebildete Wasserstoff entzündet:

$2K + 2H_2O \rightarrow 2KOH + H_2$

Zur Vernichtung von Kaliumresten (siehe Natrium) dient Alkohol, z. B. Pentanol:

$2K + 2C_5H_{11}OH \rightarrow 2C_5H_{11}OK + H_2$

Kalium wird wie Natrium hergestellt und verwendet.

Kaliumverbindung: Kaliumchlorid KCl

Eigenschaften:

Kaliumchlorid bildet farblose Kristallwürfel, die sich in Wasser leicht lösen. Es kommt als Bestandteil der Abraumsalze in Steinsalzlagerstätten vor. Es wird wie Natrium aus den Elementen hergestellt und ist wichtiger Bestandteil von Pflanzendüngern sowie Ausgangsstoff für fast alle Kaliumverbindungen.

Kaliumverbindung: Kaliumjodid KI

Eigenschaften:

Farblose, leicht wasserlösliche Kristallwürfel; die wässrige Lösung kann Jod leicht lösen; es entsteht die bräunliche Jod-Jodkali-Lösung ($KI \cdot I_2$), die zum Stärkenachweis verwendet wird.

Herstellung:

Durch Umsetzung von Jod mit Kalilauge (KOH):

$3I_2 + 6KOH \rightarrow 5KI + KIO_3 + 3H_2O$

Das entstandene Kaliumjodid/-jodat-Gemenge wird anschließend geglüht und mit Kohlenstoff reduziert:

$2KIO_3 + 3C \rightarrow 2KI + 3CO_2$

Verwendung: **Vorwiegend zum Jodieren von Speisesalz; da die Schilddrüse ein jodhaltiges Hormon (Thyroxin) herstellen muss, kann durch jodiertes Speisesalz der Kropfbildung vorgebeugt werden.**

Rubidium, Symbol Rb (lat. rubidus = rot) $_{37}Rb$

Eigenschaften:
Relative Atommasse 85,47; Dichte 1,52 g/cm^3; sehr reaktionsfähiges Metall, oxidiert an der Luft unter Selbstentzündung; reagiert mit Wasser unter Aufglühen. Bei Bestrahlung mit Licht spaltet das Metall Elektronen ab (fotoelektrischer Effekt).

Herstellung:
Aus den Chloriden kann es durch Schmelzelektrolyse oder im Vakuum durch Erhitzen mit Calcium gewonnen werden:
$2RbCl + Ca \rightarrow CaCl_2 + 2Rb$

Cäsium, Symbol Cs (lat. caesius = himmelblau) $_{55}Cs$

Eigenschaften:
Relative Atommasse 132,91; Dichte 1,87 g/cm^3; schmilzt bei Körpertemperatur; noch reaktionsfähiger als Rubidium; Selbstentzündung mit Luftsauerstoff; Reaktion mit Wasser unter Aufglühen. Bei Bestrahlung mit Licht spaltet das Metall Elektronen ab (fotoelektrischer Effekt).

Herstellung:
Durch Erhitzen des Dichromats mit Zirkonium (Zr) auf 500 °C im Hochvakuum:
$Cs_2Cr_2O_7 + 2Zr \rightarrow 2Cs + 2ZrO_2 + Cr_2O_3$

Francium, Symbol Fr (abgeleitet von Frankreich) $_{87}Fr$

Francium ist ein radioaktives Element und chemisch unbedeutend.

2.3 Die II. Hauptgruppe – Erdalkalimetalle

Beryllium, Symbol Be (abgeleitet vom Beryll $_{4}Be$)

Eigenschaften:
Relative Atommasse 9,01; Dichte 1,85 g/cm^3; hartes, stahlgraues, sprödes Metall; in verdünnten, nicht oxidierenden Säuren löslich; auch in wässrigen Alkalilaugen löslich.

Herstellung:
Durch Schmelzelektrolyse der Chloride und Bromide.

Verwendung: Als Legierungsbestandteil der Berylliumbronze bildet es zusammen mit Kupfer ein nicht magnetisches Material, das keine Funken erzeugt und leitfähig ist. In Kernreaktoren dient es als Neutronenbremse.

Berylliumverbindung: Beryll $Be_3Al_2Si_6O_{18}$

Grundlage einiger Halbedelsteine: Aquamarin ist ein Beryll, der durch Eisenverbindungen eine grünlich hellblaue Farbe erhält. Smaragd ist ein Beryll, der durch Cr_2O_3 grün gefärbt ist.

Berylliumverbindung: Berylliumoxid BeO

Eigenschaften:
Berylliumoxid ist ein weißes Pulver mit einem hohen Schmelzpunkt (2530 °C). Es ist im geglühten Zustand in Säuren schwer löslich.

Herstellung:
Durch Glühen des Berylliumhydroxids:
$Be(OH)_2 \rightarrow BeO + H_2O$

Verwendung: Durch den hohen Schmelzpunkt findet Berylliumoxid als feuerfester Werkstoff Anwendung, z. B. bei der Auskleidung von Raketenmotoren.

Magnesium, Symbol Mg (Magnesia in Kleinasien) $_{12}Mg$

Eigenschaften:
Relative Atommasse 24,31; Dichte 1,74 g/cm^3; silberweißes, glänzendes, weiches und dehnbares, sehr leichtes Metall; überzieht sich an der Luft sofort mit einer Oxidschicht, die eine weitergehende Oxidation verhindert. Magnesium brennt mit sehr heller Flamme ab:
$2Mg + O_2 \rightarrow 2MgO$

INFOKASTEN

Brennendes Magnesium kann nicht mit Wasser gelöscht werden, weil dabei brennbares Wasserstoffgas entsteht:
$Mg + H_2O \rightarrow MgO + H_2$
Auch Sand (SiO_2) ist nicht geeignet: $2Mg + SiO_2 \rightarrow 2MgO + Si$

Mit Säuren reagiert Magnesium leicht unter Bildung entsprechender Salze und Wasserstoffgas, z. B. Salzsäure (HCl):

$Mg + 2HCl \rightarrow MgCl_2 + H_2$

Keine Reaktion erfolgt mit Alkalihydroxiden.

Herstellung:

Vorwiegend durch Schmelzelektrolyse aus $MgCl_2$; die Schmelze muss eine Temperatur von 740 °C haben; an der Stahlkathode bildet sich auf der Schmelze schwimmend Magnesium:

Schmelze:	$MgCl_2$	$\rightarrow$	$Mg^{2+} + 2Cl^-$
Kathode:	$Mg^{2+} + 2e^-$	$\rightarrow$	Mg
Anode:	$2Cl^-$	$\rightarrow$	$Cl_2 + 2e^-$

Verwendung: Häufiger Legierungsbestandteil von Leichtmetallwerkstoffen, z. B. zusammen mit Aluminium im Flugzeugbau. Auch die Rahmen sehr hochwertiger Fahrräder bestehen aus Magnesiumlegierungen. Das reine Metall wird für Blitzlichtpulver und Leuchtmunition sowie für Unterwasserfackeln verwendet.

Magnesiumverbindung: Magnesiumoxid (Magnesia) MgO

Eigenschaften:

Weißes, feines Pulver oder gesinterter Festkörper (Magnesiastäbchen und Magnesiarinne); Schmelzpunkt 2600 °C.

Herstellung:

Durch Verbrennen (Oxidation) von Magnesium:

$2Mg + O_2 \rightarrow 2MgO$

Verwendung: Beim Sport als Magnesiapulver, um den Handschweiß aufzunehmen (Geräteturnen, Klettern); gesintert als feuerfeste Magnesiarinne oder -stäbchen, um chemische Reaktionen bei sehr hohen Temperaturen durchführen zu können.

Calcium, Symbol Ca (lat. calx = Kalkstein) $_{20}Ca$

Eigenschaften:

Relative Atommasse 40,08; Dichte 1,54 g/cm^3. Calcium ist ein silberweißes, weiches, zähes Metall; reagiert heftig mit Sauerstoff; oxidiert an der Luft schnell; Aufbewahrung unter Petroleum oder Paraffinöl. In der Natur häufig in Verbindungen vorkommend, z. B. im Kalkstein ($CaCO_3$). Calciumionen sind für die Wasserhärte verantwortlich.

INFOKASTEN

Mit Wasser kommt es zu einer lebhaften Reaktion. Es reagiert mit Wasser heftiger als Magnesium. Dabei entsteht Wasserstoffgas:
$Ca + 2H_2O \rightarrow Ca(OH)_2 + H_2$
Verbrennt an der Luft ($N_2 + O_2$) mit hellroter Flamme:
$8Ca + 2N_2 + O_2 \rightarrow 2CaO + 2Ca_3N_2$

Herstellung:
Durch Schmelzelektrolyse von Calciumchlorid bei 780 °C.

Calciumverbindung: Calciumoxid (Branntkalk) CaO

Eigenschaften:
Calciumoxid ist ein weißer, stickiger Stoff, der mit Wasser unter starker Wärmeentwicklung reagiert.

Herstellung:
Durch thermische Zersetzung von Calciumcarbonat ($CaCO_3$). Dabei zerfällt Calciumcarbonat beim Erhitzen ab 900 °C in Calciumoxid (CaO) und Kohlenstoffdioxid (CO_2):
$CaCO_3 \rightarrow CaO + CO_2$

Verwendung: **Calciumoxid dient zur Herstellung von Düngemittel und Calciumcarbid (CaC_2) und ist ein wichtiger Baustoff. Des Weiteren wird es als Zuschlagstoff bei der Stahlerzeugung sowie als Hilfsstoff bei der Zuckergewinnung eingesetzt.**

Calciumverbindung: Calciumcarbonat (Kalkstein) $CaCO_3$

Eigenschaften:
Schwer lösliche, farblose Kristalle (Kalkspat); wird auch von verdünnten Säuren zersetzt:
$CaCO_3 + 2HCl \rightarrow CaCl_2 + CO_2 + H_2O$
Calciumcarbonate kommen in der Natur als Kalkstein, Kreide und Marmor vor (siehe Carbonate). Durch Einwirkung von Kohlensäure (H_2CO_3), die im Regenwasser enthalten ist, entsteht lösliches Hydrogencarbonat:
$CaCO_3 + H_2CO_3 \rightarrow Ca(HCO_3)_2$

INFOKASTEN

Calciumcarbonat wurde früher kohlensaurer Kalk genannt.

Verwendung: **Brennen des Kalkes führt zu Calciumoxid, dem gebrannten Kalk, der zur Mörtelherstellung benötigt wird:**
$CaCO_3 \rightarrow CaO + CO_2$
Schmelzen mit Sand (SiO_2), Soda u. a. führt zu Glas. Auskleidung in Hochöfen (Thomas-Verfahren); reines Calciumcarbonat wird Zahnpasta in Form von Putzkörpern beigemengt; als Füllstoff bei der Papierherstellung.

Calciumverbindung: Calciumhydroxid (Ätzkalk, Löschkalk) $Ca(OH)_2$

Eigenschaften:
Bildet als weißes Pulver mit Wasser eine Suspension, die alkalisch reagiert. Die klare Lösung wird Kalkwasser genannt. Kalkwasser dient dem Nachweis von Kohlenstoffdioxid, da sich die klare Lösung beim Einleiten von CO_2 trübt:
$Ca(OH)_2 + CO_2 \rightarrow CaCO_3 + H_2O$
Wird weiter CO_2 eingeleitet, so löst sich der Kalkniederschlag wieder auf:
$CaCO_3 + CO_2 + H_2O \rightarrow Ca(HCO_3)_2$

Herstellung:
Durch Reaktion von Branntkalk (CaO) mit Wasser (Löschen):
$CaO + H_2O \rightarrow Ca(OH)_2$

Verwendung: **Zum Nachweis von CO_2 (siehe oben); zur Herstellung von Chlorkalk ($(CaOCl)_2$) u. a. Calciumverbindungen. Die wässrige Lösung von Calciumhydroxid, sog. Kalkwasser, benötigt man hauptsächlich bei der Herstellung von Zucker aus Rüben.**

INFOKASTEN

Da der Löschkalk eine ätzende Wirkung hat, wurde er früher häufig zum Desinfizieren von Ställen genutzt. Diese Art der Reinigung des Stalles wurde als Kalken bezeichnet.

Calciumverbindung: Calciumsulfat (Gips) $CaSO_4$

Eigenschaften:
Weißes Kristallpulver, das in Wasser schwer löslich ist. Vorkommend auch als Alabaster (körnig, weiß) und als Marienglas (durchsichtig). Als Naturgips enthält der Kristall sog. Kristallwasser, das in das Kristallgitter fest eingebaut ist ($CaSO_4 \cdot 2H_2O$). Durch Erhitzen auf ca. 130 °C erhält man gebrannten Gips oder Stuckgips. Gebrannter Gips ($CaSO_4 \cdot 1/2H_2O$) nimmt rasch Wasser auf (bindet ab):
$CaSO_4 \cdot 1/2H_2O + 1\ 1/2H_2O \rightarrow CaSO_4 \cdot 2H_2O$

INFOKASTEN

Das Volumen vergrößert sich dabei um 1 %. Abgebundener Gips beansprucht mehr Raum als gebrannter Gips, daher können sehr genaue Gipsabdrücke (Kriminalistik, Kunst) angefertigt werden.

Verwendung: Gips verwendet man zur Herstellung von Innenputz, Gipsverbänden und Gipsabdrücken.

Calciumverbindung: Calciumchlorid $CaCl_2$

Als hygroskopisches Salz dient es als Trocknungsmittel in Exsikkatoren (Laborgerät).

Strontium, Symbol Sr (schott. Strontian) $_{38}Sr$

Relative Atommasse 87,62; Dichte 2,60 g/cm^3.

Strontiumverbindung: Strontiumnitrat $Sr(NO_3)_2$

Wird in Feuerwerkskörpern als Rotfeuer eingesetzt.

Barium, Symbol Ba (griech. barys = schwer) $_{56}Ba$

Relative Atommasse 137,34; Dichte 3,65 g/cm^3; silbrig glänzendes Metall.

Bariumverbindung: Bariumsulfat (Schwerspat) $BaSO_4$

Der Name Schwerspat für das in der Natur vorkommende Mineral weist auf eine hohe Dichte hin (4,5 g/cm^3). Wegen seiner äußerst geringen Löslichkeit ist es ungiftig. Dient als Röntgenkontrastmittel und ist Bestandteil des Permanentweiß für Malerfarbe. Wird bei der Papierherstellung zusammen mit CaCO3 als Füllmaterial eingesetzt, in unreiner Form (Mineral Baryt) auch als Zusatz zu Schwerbeton.

Bariumverbindung: Bariumnitrat $Ba(NO_3)_2$

Wird bei Feuerwerkskörpern als Grünfeuer eingesetzt.

Radium, Symbol Ra (lat. radius = Strahl) $_{88}Ra$

Relative Atommasse 226,03; Dichte 5,50 g/cm^3. Stark radioaktives Metall, das im Dunkeln leuchtet. Große chemische Ähnlichkeit mit Barium.

2.4 Die III. Hauptgruppe - Erdmetalle

Bor, Symbol B (pers. burah = Boron) $_5B$

Eigenschaften:
Relative Atommasse 10,81; Dichte 2,34 g/cm^3; kristallines Bor bildet schwarzgraue, sehr harte und glänzende Kristalle; die Hochtemperaturform, die bei 2050 °C schmilzt, hat neben dem Diamant die größte Härte. Amorphes Bor ist ein braunes Pulver, das praktisch unlöslich ist.

INFOKASTEN

Bor leitet den elektrischen Strom bei Zimmertemperatur sehr schlecht; die Leitfähigkeit steigt aber mit der Temperatur (Halbleiter). Amorphes Bor entzündet sich an der Luft bei 700 °C und verbrennt zu Bortrioxid (B_2O_3). Mit Chlor, Brom und Schwefel reagiert es bei höheren Temperaturen zu den Chloriden, Bromiden und Sulfiden. Mit konzentrierter Salpetersäure (HNO_3) wird Bor zu Borsäure oxidiert. Konzentrierte Schwefelsäure (H_2SO_4) oxidiert Bor ab 250 °C. Bei Rotglut reduziert Bor Wasserdampf, bei noch höheren Temperaturen sogar CO_2 und SiO_2.

Herstellung:
Kristallines Bor erhält man durch Reduktion der Halogenide mit Wasserstoffgas im Lichtbogen oder durch thermische Zersetzung von Borjodid (BI_3):
$2BI_3 \rightarrow 2B + 3I_2$
Amorphes Bor erhält man durch Reduktion von Bortrioxid mit Magnesium:
$B_2O_3 + 3Mg \rightarrow 2B + 3MgO$

Verwendung: **Als sehr harte Eisenlegierung Ferrobor in der Stahlindustrie.**

Borverbindung: Borsäure H_3BO_3

Eigenschaften:
Sie bildet weiß glänzende, schuppige, durchscheinende, sich fettig anfühlende Blättchen bzw. Kristalle. Die Säure ist in Wasser löslich, wirkt dann als sehr schwache Säure. Sie hat antiseptische Wirkung (Borwasser). Sie ist stark giftig, 5 g können bereits tödlich sein. Sie kommt in einigen Wasserdampfquellen der Toskana vor.

Herstellung:
Durch Umsetzung mit Schwefelsäure (starke Säure) kann aus dem Salz der schwächeren Borsäure, dem Borax ($Na_2B_4O_7 \cdot 10H_2O$), Borsäure gewonnen werden:
$Na_2B_4O_7 \cdot 10H_2O + H_2SO_4 + 5H_2O \rightarrow 4H_3BO_3 + Na_2SO_4 + 10H_2O$

Verwendung: **Als Borwasser wirkt die wässrige Lösung antiseptisch; bei der Glasherstellung macht ein Zusatz an Borsäure die Gläser widerstandsfähig gegen Temperaturschwankungen; dient der Herstellung von Glasuren.**

Borverbindung: Borax $Na_2B_4O_7 \cdot 10H_2O$

Eigenschaften:
Borax bildet große, farblose, durchsichtige Kristalle, die beim Erhitzen Kristallwasser abgeben und in wasserfreies Tetraborat ($Na_2B_4O_7$) übergehen. Die glasartige Schmelze (Smp. 878 °C) löst viele Metalloxide unter charakteristischer Farbe (analytische Chemie: Boraxperle). Beim Löten kann dadurch die Oxidschicht des Werkstücks entfernt werden.

Herstellung:
Das Mineral Kernit ($Na_2B_4O_7 \cdot 4H_2O$) wird unter Druck in heißem Wasser gelöst:
$Na_2B_4O_7 \cdot 4H_2O + 6H_2O \rightarrow Na_2B_4O_7 \cdot 10H_2O$

Verwendung: **Als Boraxperle werden Metalloxide durch ihre charakteristische Farbe nachgewiesen. Dient zur Herstellung von Perboraten (z. B. $NaBO_3 \cdot 4H_2O$), die als Bleichmittel in der Kosmetik und als Zusatz moderner Waschmittel Anwendung finden.**

Borverbindung: Borcarbid $B_{13}C_2$

Eigenschaften:
Borcarbid bildet schwarze, glänzende Kristalle, die so hart sind, dass sie sogar Diamanten ritzen können. Die Kristalle entstehen durch Reduktion von Bortrioxid mit Kohle bei 2500 °C. Sie sind gegenüber Salpetersäure unempfindlich.

Aluminium, Symbol Al (lat. alumen = Alaun) $_{13}Al$

Eigenschaften:
Relative Atommasse 26,98; Dichte 2,70 g/cm^3; silberweißes, sehr dehnbares Leichtmetall, lässt sich zu dünnen Folien und Drähten ausziehen und zu Blattaluminium mit einer Dicke von 0,004 mm aushämmern; die elektrische Leitfähigkeit beträgt zwei Drittel der Leitfähigkeit des Kupfers, sodass Stromleitungen aus Aluminium einen anderthalbmal so großen Querschnitt haben müssen wie Kupferdrähte, was aber durch Gewichtsersparnis mehr als ausgeglichen wird. Aluminium ist an der Luft beständig, obwohl es mit Sauerstoff leicht reagiert, da sich eine feste Oxidschicht bildet, die eine weitere Oxidation verhindert. Durch anodische Oxidation kann diese Schicht noch verstärkt werden (Eloxieren); dadurch können elektrische Drähte isoliert und

Werkstücke gegen Säuren, Laugen und Seewasser beständig gemacht werden. Es kommt in der Natur nur in Verbindungen vor, ist aber das häufigste Metall der Erdkruste. Aluminiumverbindungen sind im Lehm und Ton enthalten. Ein besonders geeigneter Rohstoff zur Aluminiumherstellung ist Bauxit, das aus 50 – 60 % Aluminiumoxid besteht.

INFOKASTEN

Fein verteiltes Aluminium verbrennt wie Magnesium mit gleißend hellem Licht und wird daher auch in Blitzlichtbirnchen eingesetzt:

$4Al + 3O_2 \rightarrow 2Al_2O_3$

In nicht oxidierenden Säuren (z. B. HCl) löst sich Aluminium unter Wasserstoffentwicklung auf:

$2Al + 6HCl \rightarrow 2AlCl_3 + 3H_2$

In Wasser kommt es zu keiner Reaktion, da sich eine widerstandsfähige Hydroxidschutzschicht bildet. In Laugen wird diese dagegen gelöst, sodass sich Aluminium unter Bildung des entsprechenden Aluminats $Na[Al(OH)_4]$ auflöst. Mit Aluminium können viele schwer reduzierbare Metalloxide reduziert werden, z. B. Vanadiumoxid:

$3V_2O_5 + 10Al \rightarrow 6V + 5Al_2O_3$

Auf diese Weise erhält man reine und kohlenstofffreie Metalle, wobei das leichte Al_2O_3 als Schlacke auf der Metallschmelze schwimmt.

Herstellung:

Durch Schmelzelektrolyse nach dem Kryolithverfahren. Dabei wird Al_2O_3 mit Kryolith (Na_3AlF_6) gemischt und bei 950 °C geschmolzen. Dies geschieht in Becken, die mit Grafit (C) ausgekleidet sind. Der Grafit hat anschließend die Funktion einer Kathode. In die Schmelze ragen Kohleelektroden als Anode, an denen Sauerstoff entwickelt wird:

Schmelze:	$2Al_2O_3$	$\rightarrow$	$4Al^{3+} + 6O^{2-}$
Kathode:	$4Al^{3+} + 12e^-$	$\rightarrow$	$4Al$
Anode:	$6O^{2-}$	$\rightarrow$	$3O_2 + 12e^-$
	$4Al^{3+} + 6O^{2-}$	$\rightarrow$	$4Al + 3O_2$

INFOKASTEN

Die Aluminiumherstellung ist mit einem hohen Stromverbrauch verbunden: Die Stromstärke beträgt ca. 50 000 – 100 000 A bei einer Spannung von fünf Volt. Die Herstellung ist daher sehr teuer.

Da an der Anode Sauerstoffgas mit Kohlenstoff bei hohen Temperaturen zusammentrifft, entsteht Kohlenstoffmonoxid und Kohlenstoffdioxid:

$2C + O_2 \rightarrow 2CO$

$2CO + O_2 \rightarrow 2CO_2$

Das heißt, die Anoden müssen regelmäßig ausgetauscht werden, da sie sich langsam auflösen. Das flüssige Aluminium wird von Zeit zu Zeit abgelassen und zu Barren gegossen, damit sich kein Kurzschluss zwischen Anode und flüssigem Aluminium (Kathode) bilden kann.

Verwendung: **Als leichtes leitendes Material in der Elektrotechnik; im Thermitverfahren wird eine Mischung von Aluminiumgrieß mit Eisenoxid (Fe_3O_4) gezündet. Mit dem verflüssigten Eisen werden Schienen geschweißt:**

$3Fe_3O_4 + 8Al \rightarrow 4Al_2O_3 + 9Fe$

Dabei treten Temperaturen von ca. 2400 °C auf.

Aluminium ist ein wichtiger Legierungsbestandteil im Flugzeug- und Fahrzeugbau. Allerdings nimmt die Korrosionsbeständigkeit des Aluminiums in der Legierung ab; Aluminiumbronze entsteht durch Beimengung von Kupfer (ca. 92 %) und wird als Münzmetall verwendet.

Aluminiumverbindung: Aluminiumoxid (Tonerde, Korund) Al_2O_3

Eigenschaften:

Weißes Pulver bzw. harte farblose Kristalle; in Wasser unlöslich, in starken Säuren löslich; bei starkem Glühen über 1100 °C entsteht das säureunlösliche Oxid, der Korund, der bei 2050 °C schmilzt.

Herstellung:

Je nach Zusammensetzung der Bauxitmineralien gibt es entweder roten Bauxit (25 % Fe_2O_3 + 5 % SiO_2) oder weißen Bauxit (5 % Fe_2O_3 + 25 % SiO_2). Diese Verunreinigungen müssen vom Al_2O_3 in unterschiedlichen Aufschlussverfahren abgetrennt werden.

Verwendung: **Vorwiegend zur Aluminiumgewinnung; als Korund zum Schleifen und Polieren; zur Herstellung künstlicher Edelsteine, wie z. B. Rubine (0,2 – 0,3 % Chromoxid) oder Saphire (0,1 – 0,2 % Titanoxid und wenig Eisenoxid), wird das Gemisch im elektrischen Flammenbogen geschmolzen; Rubine dienen als Lager in Uhrwerken sowie zur Herstellung von Lasern.**

Aluminiumverbindung: Aluminiumacetat (essigsaure Tonerde) $Al(CH_3CO_2)_3$

Essigsaure Tonerde findet Anwendung in entzündungshemmenden Umschlägen und beim Imprägnieren von Geweben.

Aluminiumverbindung: Aluminiumhydroxid $Al(OH)_3$

Kann aus Lösungen als voluminöser, gallertartiger Niederschlag ausgefällt werden; reagiert mit starken Säuren und mit starken Basen unter Bildung löslicher Salze. Es ist in Wasser schwer löslich.

Gallium, Symbol Ga (von Gallien abgeleitet) $_{31}Ga$

Relative Atommasse 69,72; Dichte 5,91 g/cm^3; silber glänzendes Metall mit niedrigem Schmelzpunkt (30 °C) und relativ hoher Siedetemperatur; als Thermometerfüllung geeignet; Halbleitermetall in der Elektronik.

Indium, Symbol In (von Indigo abgeleitet) $_{49}In$

Relative Atommasse 114,82; Dichte 7,31 g/cm^3; silberweißes, sehr weiches Metall, stark glänzend, mit niedriger Schmelztemperatur (156,17 °C), gute Gleit- und Schmierfähigkeit; wird in der Halbleitertechnik verwendet.

Thallium, Symbol Tl (griech. thallos = grüner Zweig) $_{81}Tl$

Relative Atommasse 204,37; Dichte 11,83 g/cm^3; bläulich weißes, weiches und zähes Metall, Schmelzpunkt 302,5 °C; oxidiert an feuchter Luft; unlöslich in Alkalilaugen; hat viel Ähnlichkeit mit Blei.

2.5 Die IV. Hauptgruppe – Kohlenstoffgruppe

Kohlenstoff, Symbol C (lat. carbo = Kohle) $_6C$

Eigenschaften:
Relative Atommasse 12,01; häufigstes Isotop $_6C$, daneben existiert in geringen Mengen das $_6C$-Isotop, das radioaktiv ist und zur Altersbestimmung von Fossilien herangezogen wird. Reiner Kohlenstoff tritt in drei Modifikationen (Erscheinungsformen) auf: Diamant, Grafit und Fullerene. Kohlenstoff ist Bestandteil vieler in der Natur vorkommender Stoffe wie Kohle, Erdöl, Erdgas und Kalkstein. In reiner Form kommt er als Diamant und Grafit vor. Er ist wesentlicher Bestandteil lebender Organismen.

Diamant

Eigenschaften:
Vom Griechischen adames (unbezwingbar) ist Diamant der härteste aller Stoffe. Diamant ist ein Nichtleiter. In reinem Sauerstoff verbrennt er bei Temperaturen über

800 °C, an der Luft erst bei etwa 3000 °C. Geschliffene Naturdiamanten nennt man Brillanten. Diamanten werden auch für technische Zwecke verwendet, z. B. als Besatz von Bohr-, Schneid- und Schleifwerkzeugen. Diese Diamanten werden meistens künstlich hergestellt (Industriediamanten).

Aufbau:

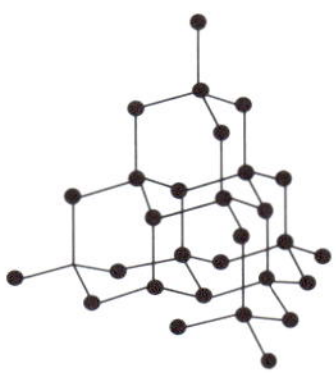

Im Diamant ist jedes Kohlenstoffatom von vier anderen Kohlenstoffatomen im gleichen Abstand tetraedrisch umgeben. Die Atome sind untereinander durch Atombindungen verbunden. Dadurch ergibt sich eine sehr regelmäßige, stabile Anordnung, worauf die große Härte des Diamanten beruht.

Grafit (griech.: graphein = schreiben)

Eigenschaften:
Im Gegensatz zum Diamant ist Grafit ein sehr weicher Stoff, der sich fettig anfühlt, blättrig-schuppig und leicht spaltbar ist. Grafit leitet den elektrischen Strom. Er schmilzt bei ca. 3700 °C. Grafit ist grau bis schwarz und hat einen matten Metallglanz. In der Natur kommt er in kohlenstoffreichem, metamorphem Gestein vor und wird unter anderem in Korea, China, Brasilien und Indien abgebaut.

Verwendung: Grafit wird als Schmiermittel für Maschinenteile verwendet, die hohen Temperaturen ausgesetzt sind. Die elektrische Leitfähigkeit wird bei der Herstellung von Elektroden ausgenutzt; in Elektromotoren als Kollektorbürsten. Im Ruß liegt Grafit in feinsten Kriställchen vor, es handelt sich um fein verteilten Kohlenstoff, der zusätzlich noch H, O, N und S gebunden enthält. Es gibt verschiedene Arten von Ruß, die sich hinsichtlich der Primärteilchengröße, der Struktur, der Oberfläche und des Adsorptionsvermögens unterscheiden und dementsprechend verschiedene Anwendungsgebiete finden (Gasruß, Flammruß, Thermalruß, Furnaceruß, Channelruß, Acetylruß und Lichtbogenruß). Zu den größten Rußverbrauchern zählen die Gummi- und Kautschukindustrie sowie die Farben- und Lackindustrie. Ruß dient als Füllstoff in Gummireifen; als Farbstoff in Tusche, Druckerschwärze, Schuhcreme usw.

Aufbau:

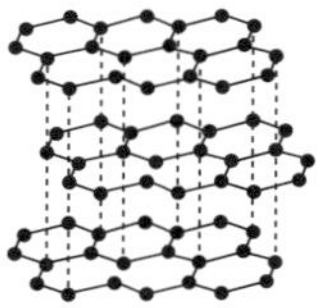

Im Grafit liegen die Kohlenstoffatome, zu regelmäßigen Sechsecken geordnet, schichtweise übereinander. Zwischen den Schichten wirken nur schwache Anziehungskräfte. Die Schichten sind so gegeneinander leicht verschiebbar. Von jedem Kohlenstoffatom im Grafit bilden drei von vier Valenzelektronen mit anderen Kohlenstoffatomen gemeinsame Elektronenpaare. So bleibt jeweils ein Valenzelektron beweglich. Dadurch ist die gute elektrische Leitfähigkeit des Grafits bedingt.

Fullerene

Reiner Kohlenstoff, der unter dem Einfluss von Laserstrahlen oder im elektrischen Lichtbogen verdampft, kann sich an kalten Flächen als gelber Film abscheiden. Er enthält käfigartig gebaute Moleküle aus Kohlenstoffatomen. Sie werden Fullerene genannt. Das bekannteste unter ihnen ist ein aus 60 C-Atomen (C_{60}) aufgebautes kugelförmiges Molekül mit einer hohen Symmetrie, das einem Fußball gleicht. Jedes Atom ist mit drei Nachbaratomen verbunden.

Ruß

Ruß ist Kohlenstoff in Form feinkristallinen Grafits. Er ist locker und porös. Industrieruß wird zum größten Teil durch den Furnaceprozess hergestellt. Man benötigt ihn als schwarzen Farbstoff, zur Farbgebung für Lackleder, Druckerschwärze, Tusche; als Farb- und Füllstoff für Fahrzeugreifen; als verstärkender Füllstoff für Gummi.

Anorganische Verbindung: Kohlenstoffdioxid CO_2

Eigenschaften:
Farbloses, geruchloses Gas, schwerer als Luft (lässt sich daher umgießen; sammelt sich am Boden, z. B. von Gärkellern); löst sich leicht in Wasser, wobei Kohlensäure (H_2CO_3) entsteht; lässt sich leicht bei Zimmertemperatur verflüssigen (5000 kPa) und in Stahlflaschen transportieren. Durch rasches Ausfließen erstarrt die Flüssigkeit zu festem Trockeneis, das bei –78 °C wieder gasförmig wird (sublimiert). Es ist nicht brennbar, wirkt erstickend, reagiert mit Basen zu Carbonaten und Hydrogencarbonaten:

$2NaOH + CO_2 \rightarrow Na_2CO_3 + H_2O$

Herstellung:
Bei jeder Verbrennung organischen Materials und fossiler Brennstoffe (Kohle, Erdöl, Erdgas, Holz); allgemein:
$C + O_2 \rightarrow CO_2$

Methangas:
$CH_4 + 2O_2 \rightarrow CO_2 + 2H_2O$

durch thermische Zersetzung von Carbonaten:
$MgCO_3 \rightarrow MgO + CO_2$
oder siehe Kalkbrennen; durch Reaktion von Säuren mit Carbonaten:
$CaCO_3 + H_2SO_4 \rightarrow CaSO_4 + H_2O + CO_2$

Verwendung: In Feuerlöschern; zum Haltbarmachen von Getränken; zur Herstellung von Kohlensäure (nur in wässriger Lösung beständig); als Trockeneis zum Kühlen von Lebensmitteln oder durch Überleiten von heißem Wasser zur Dampferzeugung für Showeffekte; in der Hitze als Oxidationsmittel:
$Mg + CO_2 \rightarrow MgO + CO$

Anorganische Verbindung: Kohlenstoffmonoxid CO

Eigenschaften:
Farb- und geruchloses Gas, das die Verbrennung nicht unterhält, aber selbst brennbar und giftig ist; kann bei Zimmertemperatur nicht verflüssigt werden; in Wasser kaum löslich. Die Giftigkeit beruht auf der Blockierung des roten Blutfarbstoffes (Hämoglobin), sodass Sauerstoff nicht an Hämoglobin binden und nicht transportiert werden kann. Das Blut nimmt in diesem Falle eine kirschrote Farbe an. 0,3 % CO in der Atemluft sind bereits tödlich. Verbrennung an der Luft mit bläulicher Flamme:
$2CO + O_2 \rightarrow 2CO_2$

INFOKASTEN

Es dient in der Technik als Reduktionsmittel für viele Metalloxide, z. B.:
$Fe_2O_3 + 3CO \rightarrow 3CO_2 + 2Fe$
Große Bedeutung hat die Reaktion mit Wasserstoff in der organischen Chemie; es lassen sich Alkohole und Kunststoffe auf diesem Wege gewinnen.

Herstellung:
Bei nicht vollständiger Verbrennung (bei Sauerstoffmangel) kohlenstoffhaltiger Verbindungen entsteht bei Temperaturen über 1000 °C stets CO anstelle von CO_2,

z. B. in Auspuffgasen, im Tabakrauch, bei schlecht ziehenden Öfen usw. Dabei stellt sich ein Gleichgewicht ein, das sog. Boudouard-Gleichgewicht:

$CO_2 + C \rightleftharpoons 2CO$

Bei 400 °C liegt im Gleichgewicht nahezu ausschließlich Kohlenstoffdioxid vor, bei 1000 °C praktisch nur Kohlenstoffmonoxid.

Durch Reaktion der Ameisensäure mit konzentrierter Schwefelsäure:

$HCOOH + H_2SO_4 \rightarrow CO + H_2SO_4 \cdot H_2O$

Wasser wird von der Schwefelsäure gebunden.

Bei der Herstellung von Wassergas ($CO + H_2$) wird Wasserdampf über glühenden Koks geleitet (Kaltblasen):

$H_2O + C \rightarrow CO + H_2$

Bei der Herstellung von Generatorgas ($N_2 + CO$) wird Luft ($4N_2 + O_2$) über glühenden Koks geleitet (Heißblasen):

$4N_2 + O_2 + 2C \rightarrow 2CO + 4N_2$

Die Mischung aus Wassergas und Generatorgas wird Synthesegas genannt (siehe Ammoniaksynthese).

INFOKASTEN

Andere Bezeichnungen sind: Kohlenstoffmonooxid, Kohlenmonoxid.

Verwendung: Im Synthesegas wird Kohlenstoffmonoxid zu unterschiedlichsten Synthesen der organischen Chemie genutzt: z. B. Menthol, Methan, Kohlenwasserstoffe; u. a. Reduktionsmittel für z. B. Eisenerz.

Anorganische Verbindung: Kohlensäure H_2CO_3

Öffnet man eine Flasche Sprudel, so entweicht ein Gas, Kohlenstoffdioxid. Es wird in der Umgangssprache oft als Kohlensäure bezeichnet. Kohlenstoffdioxid ist nach Brönsted keine Säure, denn die Moleküle enthalten keine Wasserstoffatome und können daher keine H_3O^+-Ionen bilden. Kohlenstoffdioxid reagiert mit Wasser zu Kohlensäure. Dieser Prozess ist von der Temperatur und vom Druck abhängig:

$CO_2 + H_2O \rightleftharpoons H_2CO_3$

Bei Druckminderung oder Erwärmung zerfällt die Kohlensäure in Wasser und Kohlenstoffdioxid.

INFOKASTEN

Kohlensäure ist nur in wässriger Lösung beständig; sie ist eine schwache Säure; sie ist in Wasser, Limonaden, Bier und Sekt enthalten und für den frischen, sprudeligen Geschmack verantwortlich.

Anorganische Verbindung: Carbonate (Sammelbegriff für Salze der Kohlensäure) CO_3^{2-}

Beim Erhitzen zerfallen die Carbonate in Metalloxide und CO_2, z. B.:
$MgCO_3 \rightarrow MgO + CO_2$
Ist das zugrunde liegende Metalloxid eine starke Base, so ist die Zersetzungstemperatur sehr hoch.
Mit fast allen Säuren reagieren die Carbonate unter CO_2-Bildung:
$CaCO_3 + 2HCl \rightarrow CO_2 + CaCl_2 + H_2O$
Daher dürfen polierte Steinplatten (Marmor) nicht mit Salzsäure behandelt werden.
Die meisten kohlenstoffhaltigen Minerale gehören zu den Carbonaten: Na_2CO_3 Soda, $CaCO_3$ Kalk, K_2CO_3 Pottasche, $MgCO_3$ Magnesit, $ZnCO_3$ Zinkspat usw.

Von den Carbonaten ist in der Natur das Calciumcarbonat ($CaCO_3$) am weitesten verbreitet. Es kommt als Kalkstein, Kreide oder Marmor vor.
Kalkstein ist reines oder mit Ton verunreinigtes Calciumcarbonat. Viele Gebirgszüge wie die Kalkalpen bestehen aus Kalkstein. Kalkstein findet Verwendung als Baustein und zur Herstellung von Zement.
Kreide ist Calciumcarbonat, das sich aus den Gehäusen von Schnecken und Muscheln gebildet hat, die in der Kreidezeit, vor etwa 100 Millionen Jahren, gelebt haben.
Marmor ist Calciumcarbonat, das durch hohen Druck und hohe Temperatur infolge geologischer Veränderungen in tieferen Schichten der Erde entstanden ist. Bei Einlagerungen von Magnesiumcarbonat spricht man vom Dolomit. In großen Steinbrüchen baut man Marmor in Italien ab.

Anorganische Verbindung: Schwefelkohlenstoff CS_2

Farbloses, giftiges, unangenehm riechendes, stark feuergefährliches Lösungsmittel, in dem Schwefel, Fette, Harze, Phosphor, Jod und Kautschuk gelöst werden können. Weitere Anwendungen in der organischen Chemie, z. B. in der Papierherstellung. Es hat den gleichen Brechungsindex wie Glas.

Anorganische Verbindung: Cyanwasserstoff (Blausäure) HCN

Farblose, giftige, nach Bittermandeln riechende, niedrig siedende (26 °C) Flüssigkeit.

INFOKASTEN

Geringste Mengen in der Atemluft (50 mg) wirken tödlich durch Atemlähmung, da ein Enzym (Cytochromoxidase) der Zellatmung blockiert wird.

Anorganische Verbindung: Cyanide (Sammelbegriff für Salze der Blausäure) CN^-

Die bekanntesten Salze sind Kaliumcyanid (Cyankali = KCN) und Natriumcyanid (NaCN). Es sind leicht lösliche giftige Salze (150 mg tödliche Dosis); riechen nach bitteren Mandeln, da sie an der Luft Blausäure entwickeln:

$H_2O + CO_2 + 2KCN \rightarrow K_2CO_3 + 2HCN$

Cyanide werden bei der Silber- und Goldgewinnung (Cyanidlaugerei) eingesetzt.

Anorganische Verbindung: Carbide (Sammelbegriff für Metall-Kohlenstoffverbindungen)

Aus Calciumcarbid und Wasser wird Acetylen (Ethin) hergestellt, das in Grubenlampen mit sehr heller Flamme verbrennt:

$CaC_2 + 2H_2O \rightarrow C_2H_2 + Ca(OH)_2$

$2C_2H_2 + 5O_2 \rightarrow 4CO_2 + 2H_2O$

Calciumcarbid wird hergestellt, indem man man zunächst aus Kalkstein Calciumoxid (Branntkalk) und aus Kohle Koks gewinnt. Aus diesen beiden Produkten wird mithilfe von elektrischem Strom im Lichtbogen Calciumcarbid hergestellt:

$CaO + 3C \rightarrow CaC_2 + CO$

Carbide werden auch Acetylide genannt (organische Chemie), Kupfer- und Silberacetylide sind durch Schlag zur Explosion zu bringen.

> **INFOKASTEN**
>
> Borcarbid ($B_{13}C_2$), Wolframcarbid (WC_2) und Siliciumcarbid (SiC) sind besonders hart; sie werden daher zur Beschichtung von Schleifscheiben verwendet.

Silicium, Symbol Si (lat. silex = Kieselstein) $_{14}Si$

Eigenschaften:

Relative Atommasse 28,09; Dichte 2,33 g/cm^3. Es bildet als Reinstoff dunkelgraue, undurchsichtige, stark glänzende, harte und spröde Kristalle, die den elektrischen Strom mit steigender Temperatur zunehmend besser leiten (Halbleiter). Zweithäufigstes Element der Erdkruste; Bestandteil der meisten Gesteinsarten (Oxide, Silicate).

Es reagiert mit Sauerstoff bei höherer Temperatur zu Siliciumdioxid (SiO_2):

$Si + O_2 \rightarrow SiO_2$

mit Fluor bei Zimmertemperatur unter Feuerschein:

$Si + 2F_2 \rightarrow SiF_4$

mit den übrigen Halogenen beim Erhitzen. In Säuren ist Silicium unlöslich, mit Alkalilaugen reagiert es dagegen stürmisch zu Silicaten:

$Si + 2NaOH + H_2O \rightarrow Na_2SiO_3 + 2H_2$

Ausgangsstoff für die Herstellung von Silicium ist Quarzsand. Dieser besteht überwiegend aus Siliciumdioxid (SiO_2). Vermischt mit Koks und Holzkohle wird Quarzsand im elektrischen Brennofen auf 1800 °C erhitzt:

$SiO_2 + 2C \rightarrow Si + 2CO$

Es kann auch durch Reduktion mit Calciumcarbid hergestellt werden:

$SiO_2 + CaC_2 \rightarrow Si + 2CO + Ca$

Das hierbei entstandene Rohsilicium besteht zu 98 % aus Siliciumatomen. Für die Verwendung in der Mikroelektronik ist es noch nicht rein genug.

Herstellung von Reinstsilicium:

Für die Chipherstellung wird Silicium mit einem Reinheitsgrad von 99,9999999 % benötigt. Dies bedeutet, dass auf eine Milliarde Siliciumatome gerade noch ein Fremdatom kommen darf. Um diesen Reinheitsgrad zu erreichen, wird Silicium mithilfe von Chlorwasserstoff in Trichlorsilan überführt. Trichlorsilan ist ein flüssiger Stoff, der in großen Destillationsanlagen von allen Verunreinigungen befreit wird. Aus dem gereinigten Trichlorsilan erhält man durch Reduktion mit Wasserstoff Stäbe aus reinstem Silicium:

$HSiCl_3 + H_2 \rightarrow Si + 3HCl$

Verwendung: Als Halbleitermaterial in der Elektroindustrie; zur Herstellung von Kunststoffen (Silicone) in der Medizintechnik.

INFOKASTEN

Vom Reinsilicium zum Computerchip: Zur Herstellung von Computerchips werden aus den Siliciumstäben dünne Scheiben von etwa 0,7 Millimeter Dicke geschnitten. Solche Scheiben werden als Wafer bezeichnet. In weiteren Arbeitsschritten entstehen aus einem Wafer etwa 100 Chips, die aus dem Wafer herausgeschnitten und mit Anschlüssen und einer Kunststoffummantelung versehen werden.

Siliciumverbindung: Siliciumdioxid SiO_2

Siliciumdioxid bildet mehrere Modifikationen mit unterschiedlichen Schmelzpunkten aus. Quarzglas ist amorphes (nicht kristallines) SiO_2, das durch vorsichtiges Abkühlen aus SiO_2-Schmelzen gewonnen wird. Es ist schwer schmelzbar, hat einen sehr geringen Ausdehnungskoeffizienten (1/18 des Glases) und kann daher sogar aus Rotglut in kaltes Wasser getaucht werden, ohne dabei zu platzen. Quarz ist im Gegensatz zu Glas UV-Licht-durchlässig (elektrische Höhensonnen). Quarz kann zu extrem dünnen

und elastischen Fäden ausgezogen werden (mit 4/1000 mm Durchmesser) und wird daher in physikalischen Messgeräten eingesetzt.
Siliciumdioxid ist gegenüber Säuren unempfindlich, mit Ausnahme der Flusssäure (HF); von Alkalihydroxiden und Alkalicarbonaten wird es angegriffen, in deren Schmelzen löst es sich sogar auf:
$SiO_2 + 2NaOH \rightarrow Na_2SiO_3 + H_2O$
Bei 1200 °C zeigt SiO_2 ein dem Boudouard-Gleichgewicht ähnliches Verhalten:
$SiO_2 + Si \rightleftharpoons 2SiO$ (gasförmig)
Hauptvorkommen als Quarz und Quarzsand in Gesteinen bzw. ihrem Verwitterungsprodukt. Quarzkristalle sind als Halbedelsteine bekannt: Bergkristall (farblos); Amethyst (violett); Rauchtopas (braun); Citrin (gelb); Morion (schwarz). Opale (Achat, Onyx, Feuerstein) sind amorphes SiO_2. Siliciumdioxid ist diamantartig aufgebaut. Es besteht aus Riesenmolekülen und ist somit ein polymerer Stoff.

Verwendung: **Als Quarzglas in chemischen Apparaturen, z. B. in Großapparaturen zur Schwefelsäureherstellung, Salzsäureherstellung usw. Quarz wird hauptsächlich als Ausgangsstoff zur Glasherstellung verwendet.**
Gläser sind unterkühlte Schmelzen aus Quarzsand und Zusätzen wechselnder Zusammensetzung:
Natron-Kalk-Glas (Fensterglas) $Na_2O \cdot CaO \cdot 6SiO_2$
Kali-Kalk-Glas (schwer schmelzbar) $K_2O \cdot CaO \cdot 8SiO_2$
Kali-Blei-Glas (Bleikristall-Glas) $K_2O \cdot PbO \cdot 8SiO_2$
Bor-Tonerde-Glas (Jenaer Glas) enthält Al_2O_3- und B_2O_3-Zusätze
Die Herstellung läuft nach folgendem Schema:
$Na_2CO_3 + SiO_2 \rightarrow Na_2SiO_3 + CO_2$
Durch entsprechende Zusätze lassen sich die Eigenschaften der Gläser variieren.

Siliciumverbindung: Kieselsäure H_4SiO_4

Die sog. Orthokieselsäure ($H_4SiO_4 = Si(OH)_4$) ist nur bei einem pH-Wert von 3,2 beständig. Oberhalb und unterhalb dieses Wertes spaltet sie intermolekular Wasser ab:

```
    OH              OH                  OH      OH
    |               |                   |       |
HO – Si –[OH   H]O – Si – OH    →   HO – Si – O – Si – OH
    |               |                   |       |
    OH              OH                  OH      OH
```

Es entsteht die Orthodikieselsäure; weitere Wasserabspaltung führt zu Metallkieselsäuren:

$$(H_2SiO_3)_n:\quad \left[\begin{array}{ccccccccccc} & & OH & & & & OH & & & & OH \\ & & | & & & & | & & & & | \\ O & - & Si & - & O & - & Si & - & O & - & Si & - & O \\ & & | & & & & | & & & & | \\ & & OH & & & & OH & & & & OH \end{array}\right]_n$$

Das Siliciumatom ist hier von vier Sauerstoffatomen umgeben, die in die Ecken eines Tetraeders weisen, wobei das Silicium in der Mitte des Tetraeders liegt. Diese Tetraeder sind jeweils mit einem weiteren Tetraeder über ein Sauerstoffatom verbunden, sodass eine Kette entsteht. An den Seiten der Kette liegen die OH-Gruppen; durch Wasserabspaltungen zwischen zwei Ketten entstehen Bänder, die durch weitere seitliche Wasserabspaltungen Blätter bilden können.

Alkalisilicate

Sie entstehen als Salze der Kieselsäure durch Schmelze aus SiO_2 und Alkalicarbonaten, z. B.:
$2SiO_2 + 4Na_2CO_3 \rightarrow 2Na_4SiO_4 + 4CO_2$

Verwendung: Ihre wässrigen Lösungen kommen als Wasserglas in den Handel. Sie dienen als mineralische Leime zum Kleben von Glas und Porzellan, zum Imprägnieren von Papier und Stoffen und als Flammschutzmittel für Holz und Gewebe. Lässt man sie mit Salzsäure reagieren und längere Zeit stehen, bildet sich farbloses Kieselgel, schließlich Silicagel, das als Absorptionsmittel dient (Feuchtigkeitsschutz für empfindliche Geräte).

Natürliche Silicate

Natürliche Silicate sind gesteinsbildende Minerale unterschiedlichster Zusammensetzung: Gneis, Granit, Basalt und Porphyr.
Silicatmineralien: Feldspat ($K_2O \cdot Al_2O_3 \cdot 6SiO_2$);
Tone: entstehen bei der Verwitterung des Feldspates, wobei lösliche Kaliverbindungen ausgewaschen wurden;
Glimmer: sind Alumosilicate, wobei einzelne Si-Atome durch Aluminium ersetzt sind;
Asbest: ($3MgO \cdot 2SiO_2 \cdot 2H_2O$) hat nadelförmige Kristalle, die cancerogen wirken.

Künstliche Silicate

Keramik: Feuchter Ton, gemischt mit Sand und Feldspat; wird gebrannt, besser gesintert (nicht geschmolzen); besteht im Wesentlichen aus Alumosilicat ($3Al_2O_3 \cdot 2SiO_2$).
Tongut: Durch niedrige Brenntemperatur entsteht ein poröses Material, wasser-

durchlässig, nicht sehr hart, z. B. Ziegel (rote Farbe durch Fe_2O_3), Schamotte (feuerfeste Platten), doppelt gebranntes Steingut (Sanitärkeramik).
Tonzeug: Durch hohe Brenntemperatur entsteht ein wasserdurchlässiges, ziemlich hartes, dichtes Produkt, z. B. Porzellan (durchscheinende Scherben). Steinzeug (Fliesen, Kanalrohre) hat die gleiche Zusammensetzung wie Porzellan, bildet aber nicht durchscheinende Scherben.
Zement: Ausgangsstoffe für die Zementherstellung sind Kalkstein und Ton. Zement ist ein graues Pulver, bestehend aus einem Calcium-Aluminium-Silicat. Zur Zementherstellung wird ein Gemisch aus 25 % Ton und 75 % Kalk zunächst fein gemahlen und dann in feuerfesten Drehrohröfen von 50 bis 100 m Länge und 2 bis 6 m Durchmesser erhitzt. Die Öfen sind leicht geneigt und drehen sich in der Minute ein- bis zweimal. Dadurch wandert der Inhalt langsam nach unten, wobei zunächst Wasser und Kohlenstoffdioxid entweichen. Dann wird das Gemisch bei ca. 1450 °C zum Zementklinker gebrannt. Der Zementklinker wird fein gemahlen und als Zement verkauft.

INFOKASTEN

Wird Zement mit Wasser angerührt, so erstarrt er zu einer festen Masse, er bindet ab. Die beim Brennen entstandenen Silicate reagieren mit Wasser und bilden kleine, faserartige Kristalle, die ineinander verfilzen und so einen festen Verband bilden. Da dieser Vorgang sehr schnell abläuft, gibt man zum Zement etwa 5 % Gips, der das Abbinden verzögert.

Germanium, Symbol Ge (abgeleitet von Germanien) $_{32}Ge$

Relative Atommasse 72,59; Dichte 5,35 g/cm³; grauweißes, sehr sprödes Metall; leitet den elektrischen Strom bei erhöhter Temperatur besser, sog. Halbleiter (wie Silicium). Die Leitfähigkeit kann durch Phosphor und Arsen (je fünf Elektronen) bzw. durch Aluminium und Gallium (je drei Elektronen) erhöht werden, da sie im Metallgitter des Germaniums Störstellen bilden, die entweder einen Elektronenüberschuss oder Elektronenlücken erzeugen. Dadurch können die Germaniumelektronen leichter wandern, was schließlich zum Stromfluss führt.

Verwendung: Als Halbleiter in der Elektronikindustrie; als optisches Glas mit Infrarotdurchlässigkeit (sog. Chalkogenidglas) für Nachtsichtgeräte.

Zinn, Symbol Sn (lat. stannum) $_{50}Sn$

Relative Atommasse 118,69; Dichte 7,28 g/cm³; silberweißes stark glänzendes Metall mit geringer Härte, sehr dehnbar, lässt sich zu hauchdünner Folie (Stanniol) auswalzen. Beim Biegen ist ein leises Knirschen zu hören, das sog. Zinngeschrei, wobei die Einzelkristalle aneinanderreiben. Unterhalb von 13,2 °C wandelt sich Zinnmetall in ein graues Pulver um (Gefahr für Orgelpfeifen in nicht beheizten Kirchen!). Für die Umwandlung genügt ein einmaliges Unterschreiten der kritischen Temperatur. Es entstehen dabei Kristallisationskeime, die nach und nach das gesamte Werkstück zerstören (Zinnpest). Oberhalb von 161 °C wird Zinn so spröde, dass es leicht zu Zinngrieß zerstoßen werden kann. An der Luft ist Zinn ebenso beständig wie im Wasser; es wird nur von starken Säuren und Laugen angegriffen:

$Sn + 2HCl \rightarrow SnCl_2 + H_2$ bzw.

$Sn + 2NaOH + 4H_2O \rightarrow Na_2[Sn(OH)_6] + 2H_2$

Herstellung:
Aus Zinnerz (SnO_2) durch Reduktion mit Koks (1000 °C):

$SnO_2 + 2C \rightarrow 2CO + Sn$

Verwendung: **Hauptsächlich für verzinntes Eisenblech (Weißblech), das dadurch vor Korrosion geschützt zur längeren Aufbewahrung von Lebensmitteln (Konservendosen) geeignet ist. Wird auch zur Herstellung von Zinntellern, -bechern und Folie (Stanniolpapier) verwendet. In Form einer transparenten Zinnoxid-Indiumoxid-Verbindung ist es elektrischer Leiter in Anzeigengeräten wie LCD-Displays. Weichlot, eine Legierung mit Blei (3 – 90 % Sn und 10 – 97 % Pb), für die Elektronikindustrie; Zinnbronzen werden bei Kanonenrohren, Kirchenglocken, Oberleitungsdrähten und Schleifkontakten von Straßenbahnen und als Achsenlager für Eisenbahnen verwendet.**

Blei, Symbol Pb (lat. plumbum = Blei) $_{82}Pb$

Eigenschaften:
Relative Atommasse 207,19; Dichte 11,34 g/cm3; bläulich glänzend an den Schnittflächen, schweres und weiches Metall, oxidiert an der Luft zu einer PbO-Schutzschicht; wird von sauerstoffhaltigem Wasser in Bleihydroxid (giftig) umgewandelt (Problem bei Wasserleitungen!):

$2Pb + O_2 + 2H_2O \rightarrow 2Pb(OH)_2$

Hartes Wasser enthält $Ca(HCO_3)_2$ und $CaSO_4$, die eine Schutzschicht von schwer löslichem Bleicarbonat bzw. Bleisulfat bilden; kohlensäurehaltiges Wasser löst dagegen Blei auf:

$2Pb + O_2 + 2H_2O + 4CO_2 \rightarrow 2Pb(HCO_3)_2$

In Säuren wie Schwefelsäure und Salzsäure ist Blei unlöslich, weil schwer lösliche Schutzschichten entstehen ($PbSO_4$, $PbCl_2$); Salpetersäure löst dagegen Blei auf:

$Pb + 4HNO_3 \rightarrow Pb(NO_3)_2 + 2NO_2 + 2H_2O$

Mit Essigsäure entsteht giftiges Bleiacetat ($Pb(O_2CCH_3)_2$).

Herstellung:
Aus Bleiglanz (PbS) durch Röstreduktion:

$2PbS + 3O_2$	→	$2PbO + 2SO_2$	(Rösten)
$PbO + CO$	→	$Pb + CO_2$	(Reduktion)

INFOKASTEN

So erhaltenes Blei enthält viele andere Metalle als Verunreinigungen, z. B. Silber (Ag), Kupfer (Cu), Zinn (Sn), Antimon (Sb) und Arsen (As); durch Elektrolyse wird reines Blei erhalten.

Verwendung: Wegen der leichten Bearbeitung findet Blei vielfache Anwendung: für Wasserleitungen (besonders in der Antike), Bedachungsmaterial, Geschosskerne und Schrotkugeln, Platten für den Bleiakku usw. Wichtige Legierungen sind Letternmetall (85 % Pb + 10 % Sb + 5 % Sn) für Druckplatten sowie Lagermetalle (mit Antimon) für schwere Achslager.

Bleiverbindung: Mennige Pb_3O_4

Mennige ist ein hochrotes Pulver, das in Rostschutzfarben enthalten ist.

Bleiverbindung: Blei(IV)-oxid PbO_2

Ist ein schwarzbraunes Pulver, das im Bleiakku als Elektrode verwendet wird.

Bleiverbindung: Bleitetraethyl $Pb(C_2H_5)_4$

Es war als Antiklopfmittel und Gleitmittel für Motorventile im Superbenzin enthalten; sehr giftig!

2.6 Die V. Hauptgruppe – Stickstoffgruppe

Stickstoff, Symbol N $_7N$ (lat. Nitrogenium = Salpeterbildner)

Eigenschaften:
Relative Atommasse 14,01; Dichte 0,00125 g/cm³; farb- und geruchloses Gas, mit 78,1 % Hauptbestandteil der Luft, nicht brennbar, erstickt die Flamme; sehr reaktionsträge, bildet mit Lithium bei Zimmertemperatur und mit Magnesium und Calcium bei höherer Temperatur Nitride:
$3Ca + N_2 \rightarrow Ca_3N_2$

In Wasser ist Stickstoff nur halb so löslich wie Sauerstoff (wichtig für das Leben der Fische). Reagiert mit dem Luftsauerstoff (hohe Temperatur bzw. elektrische Entladung):

$N_2 + O_2 \rightarrow 2NO$

Herstellung:
Vorzugsweise durch fraktionierte Destillation, wobei aus verflüssigter Luft (–196,5 °C) durch langsame Erwärmung bei –195,8 °C Stickstoff gasförmig wird (Lindeverfahren); der so erhaltene Stickstoff enthält noch Edelgase. Chemisch reiner Stickstoff wird aus Verbindungen wie Ammoniumnitrit (NH_4NO_2) oder Ammoniak (NH_3) gewonnen:

$NH_4NO_2 \rightarrow N_2 + 2H_2O$ bzw.

$NH_3 + HNO_2 \rightarrow N_2 + 2H_2O$

Salpetrige Säure (HNO_2) wirkt als Oxidationsmittel.

Verwendung: **In nahtlosen Stahlflaschen unter 150 · 10^2 kPa Druck; als Schutzgas für feuergefährliche oder sauerstoffempflindliche Stoffe; als Lampenfüllung; als Düngemittel; Ausgangsstoff vieler Synthesen.**

INFOKASTEN

Flüssiger Stickstoff ist heute ein unentbehrlicher Stoff in der Kältetechnik. Lebensmittel werden damit in kürzester Zeit tiefgefroren und haltbar gemacht. In der Medizin werden sogar Organe darin aufbewahrt. Im Tiefbau wird er zur Bodenvereisung eingesetzt.

Stickstoffverbindung: Ammoniak NH_3

Eigenschaften:
Farbloses, charakteristisch riechendes, zu Tränen reizendes Gas; leicht wasserlöslich (1 l Wasser löst bei 20 °C 750 l Ammoniak); lässt sich leicht verdichten (Einsatz in Kältemaschinen); mit Wasser entsteht Ammoniakwasser (NH_4OH), eine alkalische Lösung:

$H_2O + NH_3 \rightarrow NH_4OH$

In Verbindung mit Säuren lässt Ammoniak Ammoniumsalze entstehen:

$HCl + NH_3 \rightarrow NH_4Cl$

$H_2SO_4 + 2NH_3 \rightarrow (NH_4)_2SO_4$

Ammoniak verbrennt mit reinem Sauerstoff zu Stickstoffgas:

$4NH_3 + 3O_2 \rightarrow 2N_2 + 6H_2O$

Ammoniak verbrennt mit einem Katalysator bei ca. 400 °C zu Stickstoffmonoxid:

$4NH_3 + 5O_2 \rightarrow 4NO + 6H_2O$

Ammoniak dient zur Herstellung der Salpetersäure.

Herstellung:
Nach dem Haber-Bosch-Verfahren:
$N_2 + 3H_2 \rightleftharpoons 2NH_3 + E$
Diese Gleichgewichtsreaktion weist einige Probleme auf: Stickstoff ist reaktionsträge, daher ist ein Katalysator nötig (Fe-Al_2O_3-K_2O), der erst ab 400 °C arbeitet; die notwendige Temperaturerhöhung fördert aber den Zerfall des Ammoniaks; die Reaktion verläuft unter Volumenverringerung (vier Raumteile werden zu zwei Raumteilen), daher begünstigt hoher Druck die Ausbeute. Als technisch günstigster Kompromiss haben sich 500 °C und $200 \cdot 10^2$ kPa mit einer Ausbeute von 17,6 % erwiesen. Das benötigte Synthesegas wird aus Generatorgas und Wassergas im Verhältnis 1 : 3 gebildet (siehe Kohlenstoffmonoxid)
$4N_2 + O_2 + 2C \rightarrow 4N_2 + 2CO + E$ (Generatorgas)
$H_2O + C \rightarrow H_2 + CO - E$ (Wassergas)
Kohlenmonoxid wird katalytisch zu CO_2 oxidiert und mit NaOH ausgewaschen:
$7CO + 7H_2O \rightarrow 7CO_2 + 7H_2 + E$ (zusätzliche H_2-Bildung)
Gesamtreaktion:
$5(H_2 + CO) + 2(2N_2 + CO) + 7H_2O \rightarrow 7CO_2 + 12H_2 + 4N_2$

Verwendung: Als Kühlmittel in Kältemaschinen; als Edukt vieler Synthesen, wie Salpetersäure, Stickstoffdünger usw.

Stickstoffverbindung: Ammoniakwasser (Salmiakgeist) NH_4OH

Ammoniakwasser ist eine alkalische, wässrige Lösung von Ammoniak und dient als Reinigungsmittel von Oberflächen im Haushalt. Außerdem wird es zur Herstellung anderer Ammoniumverbindungen genutzt.

Stickstoffverbindung: Ammoniumchlorid (Salmiak) NH_4Cl

Aus Ammoniak und Chlorwasserstoff gebildet:
$NH_3 + HCl \rightarrow NH_4Cl$
Weißes Salz; dient als Lötstein, da es thermisch dissoziiert:
$NH_4Cl \rightarrow NH_3 + HCl$
Der entstehende Chlorwasserstoff entfernt Metalloxide, die den Lötvorgang behindern:
$CuO + 2NH_4Cl \rightarrow CuCl_2 + 2NH_3 + H_2O$
Das entstandene Kupferchlorid ist leichtflüchtig.
Ammoniumchlorid wird in Taschenlampenbatterien als Elektrolytflüssigkeit eingesetzt. Der Name Salmiak kommt aus dem Lateinischen: Lat. sal ammoniacum bedeutet Salz des Ammon. Salmiak hat diese Bezeichnung bekommen, da er im Altertum nahe dem Ammontempel im heutigen Ägypten vorkam.

Stickstoffverbindung: Ammoniumsulfat $(NH_4)_2SO_4$

Wichtiges Düngersalz; aus ammoniakalischem Gipswasser durch Einleitung von CO_2:
$2NH_3 + H_2O + CO_2 \rightarrow (NH_4)_2CO_3$
$(NH_4)_2CO_3 + CaSO_4 \rightarrow CaCO_3 + (NH_4)_2SO_4$
Dient auch zur Herstellung von Flammenschutzmitteln und Kältemischungen.

Stickstoffverbindung: Ammoniumnitrat NH_4NO_3

Bestandteil von Explosivstoffen; dient der Herstellung von Lachgas (N_2O):
$NH_4NO_3 \rightarrow 2H_2O + N_2O$
Außerdem dient es als Stickstoffdüngemittel und zur Herstellung von Kältemischungen.

Stickstoffverbindung: Ammoniumcarbonat $(NH_4)_2CO_3$

Dient als Hilfsmittel in der Wollwäscherei, als Beize beim Textilfärben und ist Bestandteil in Feuerlöschern. Zudem wird es als Riechsalz verwendet.

Stickstoffverbindung: Ammoniumhydrogencarbonat (Hirschhornsalz) NH_4HCO_3

Farbloses Kristallpulver; zerfällt beim Erhitzen in Gase, daher wird es im Gemisch mit anderen Stoffen als Hirschhornsalz (Backtriebmittel) verwendet:
$NH_4HCO_3 \rightarrow NH_3 + CO_2 + H_2O$

Stickstoffverbindung: Stickstoffdioxid NO_2

Rotbraunes, stechend riechendes Gas, sehr giftig; erstarrt beim Abkühlen auf –10,2 °C zu farblosen Kristallen (N_2O_4); entsteht als Bestandteil der nitrosen Gase bei Reaktionen der Salpetersäure, z. B. mit Metallen; zerfällt ab 200 °C:
$2NO_2 \rightarrow 2NO + O_2$
Stickstoffdioxid ist leicht in Wasser löslich; entsteht durch Oxidation von Stickstoffmonoxid:
$2NO + O_2 \rightarrow 2NO_2$

Stickstoffverbindung: Stickstoffmonoxid NO

Farb- und geruchloses Gas; in Wasser kaum löslich; verbindet sich an der Luft sofort zu NO_2:
$2NO + O_2 \rightarrow 2NO_2$
Es entsteht bei Verbrennungsvorgängen bei hohen Temperaturen (Verbrennungsmotor bzw. Blitze bei Gewitter); dient wie NO_2 der Salpetersäureherstellung.

Stickstoffverbindung: Distickstoffmonoxid (Lachgas) N_2O

Nicht brennbar, aber brandfördernd; recht gut in Wasser löslich; Herstellung aus Ammoniumnitrat; erzeugt Rauschzustände beim Einatmen, wird mit Sauerstoff als Narkosemittel und als Treibgas in Sahnepatronen verwendet.

Stickstoffverbindung: Salpetersäure HNO_3

Eigenschaften:
Reine Salpetersäure ist farblos, stechend süßlich riechend, an der Luft nebelnd, mit Wasser sehr gut mischbar; färbt sich beim Stehen am Licht gelb; konzentrierte Salpetersäure wirkt stark oxidierend auf Nichtmetalle und viele Metalle unter Bildung von NO_2, außer auf Chrom (Cr), Gold (Au) und Platin (Pt); auch Aluminium (Al) und Eisen (Fe) werden nicht angegriffen. Salpetersäure zerstört Eiweiß: Gelbfärbung (dient als Nachweis für die Eiweiß-Xanthoproteinreaktion). Verdünnte Salpetersäure ist farblos, ätzend, bewirkt Farbänderungen bei Indikatoren, leitet den elektrischen Strom; reagiert mit unedlen Metallen, mit Metalloxiden und mit Metallhydroxidlösungen. Verdünnte Salpetersäure reagiert nur noch mit unedlen Metallen, z. B. Zink unter Wasserstoffbildung.

Beispiel für eine Reaktion der konzentrierten Salpetersäure:
$Pb + 4HNO_3 \rightarrow Pb(NO_3)_2 + 2H_2O + 2NO_2$
Beispiel für eine Reaktion der verdünnten Salpetersäure:
$Zn + 2HNO_3 \rightarrow Zn(NO_3)_2 + H_2$

Herstellung:
Aus Luftverbrennung im elektrischen Flammenbogen:
$N_2 + O_2 \rightarrow 2NO$
$2NO + O_2 \rightarrow 2NO_2$
$2NO_2 + H_2O \rightarrow HNO_2 + HNO_3$
$2HNO_2 + O_2 \rightarrow 2HNO_3$
Umsetzung von Chilesalpeter ($NaNO_3$) mit konzentrierter Schwefelsäure:
$NaNO_3 + H_2SO_4 \rightarrow HNO_3 + NaHSO_4$
Die Ammoniakverbrennung (Ostwaldverfahren) zu Salpetersäure wird mit einem Katalysator (Platin) bei 600 °C durchgeführt:
$4NH_3 + 5O_2 \rightarrow 4NO + 6H_2O$
$4NO + 2H_2O + 3O_2 \rightarrow 4HNO_3$

INFOKASTEN

Salpetersäure wird auch Hydrogennitrat genannt.

Verwendung: Herstellung von Düngemitteln, Produktion von Sprengmitteln (Dynamit); Herstellung von Arzneimitteln und Farbstoffen; zum Beizen und Ätzen von Metallen; Herstellung von Lösungsmitteln; Kunststoffherstellung.

Stickstoffverbindung: Königswasser $HNO_3 + 3HCl$

Dieses Gemisch löst sogar Gold und Platin:
$HNO_3 + 3HCl \rightarrow NOCl + 2H_2O + 2$ <Cl> (atomares Chlor)
Au + 3<Cl> $\rightarrow$ $AuCl_3$ (Goldchlorid)

Phosphor, Symbol P $_{15}P$ (griech. phosphoros = Lichtträger)

Eigenschaften:
Relative Atommasse 30,97; Dichte 1,82 g/cm^3.
Weißer Phosphor: durchscheinend und wachsartig; sehr flüchtig, sehr reaktionsfähig, im Dunkeln leuchtend, selbstentzündlich, sehr giftig; verbrennt an der Luft unter weißer Rauchbildung (P_4O_{10}):
$P_4 + 5O_2 \rightarrow P_4O_{10}$
Brennender Phosphor kann nicht mit Wasser, nur mit Sand gelöscht werden.
Roter Phosphor: reaktionsträger als weißer Phosphor; ungiftig; Verwendung in Reibflächen für Zündhölzer, zusammen mit Glaspulver und stärkeähnlichem Bindemittel.
Schwarzer Phosphor: metallähnliche Modifikation, leitet den elektrischen Strom, unlöslich, fast unbrennbar, sehr reaktionsträge, ebenso wie der rote Phosphor ungiftig; chemisch unbedeutend.

Herstellung:
Weißer Phosphor wird aus hellgrauem Phosporit ($Ca_3(PO_4)_2$) gewonnen, unter Zusatz von Koks und Sand (SiO_2):
$Ca_3(PO_4)_2 + 3SiO_2 + 5C \rightarrow 3CaSiO_3 + 5CO + 2P$
Roter Phosphor kann aus weißem Phosphor mit einem Quecksilberkatalysator hergestellt werden, nämlich wenn er fünf Tage auf 380 °C (unter Luftabschluss) erhitzt wird.

Verwendung: Zur Herstellung von Phosphorsäure.

Phosphorverbindung: Phosphorsäure H_3PO_4

Eigenschaften:
Farblose, wasserklare, harte und geruchlose Kristalle, die an feuchter Luft zerfließen und in jedem Verhältnis in Wasser löslich sind; es entsteht eine sirupartige, saure Lösung; ihre Salze heißen Phosphate, z. B. Na_3PO_4.

Herstellung:
Durch Oxidation des Phosphors entsteht formal Phosphorpentoxid (P_2O_5), das mit Wasser zu Phosphorsäure reagiert:

$$P_4 + 5O_2 \rightarrow P_4O_{10}$$
$$P_4O_{10} + 6H_2O \rightarrow 4H_3PO_4$$

Verwendung: Als Säuerungsmittel (ungiftig) in Limonaden, sauren Bonbons; als Rostschutzmittel für Eisen; zur Herstellung von Arzneimitteln, Insektiziden, Porzellankitt, Emaillen, als Färbereihilfsstoff, als Rostumwandler, als Ausgangsstoff zur Herstellung von Waschmitteln sowie als Zusatz im Backpulver; Phosphate sind wichtige Dünger.

Arsen, Symbol As (griech. arsenicon) $_{33}As$

Gelbes Arsen ist phosphorähnlich, unbeständig und eine nicht metallische Modifikation; Dichte 1,97 g/cm^3.
Graues Arsen ist eine metallische Modifikation, die stahlgraue, spröde, glänzende Kristalle bildet. Relative Atommasse 74,92; Dichte 5,72 g/cm^3.
Beim Erhitzen verbrennt Arsen unter Knoblauchgeruch zu Arsen(III)-oxid:

$$4As + 3O_2 \rightarrow 2As_2O_3$$

Arsen(III)-oxid (Arsenik) As_2O_3

Weißes Pulver bzw. porzellanartige, undurchsichtige, weiße Masse aus Kristallen; äußerst giftig; daher zur Schädlingsbekämpfung eingesetzt.

Antimon, Symbol Sb (lat. stibium = schwarze Schminke) $_{51}Sb$

Relative Atommasse 121,75; Dichte 6,69 g/cm^3; silberweiße, spröde, glänzende Kristalle, mit blättrig-grobkristalliner Struktur; diese metallische Modifikation leitet den elektrischen Strom. Es verbrennt an der Luft zu Antimon(III)-oxid:

$$4Sb + 3O_2 \rightarrow 2Sb_2O_3$$

Antimon reagiert unter Feuerschein mit Chlorgas:

$$2Sb + 3Cl_2 \rightarrow 2SbCl_3$$

Antimon wird zu Legierungen verarbeitet.

Bismut, Symbol Bi (lat. bismutum) $_{83}Bi$

Relative Atommasse 208,98; Dichte 9,80 g/cm^3; rotstichige silberweiß glänzende, spröde Kristalle; sehr seltenes Metall, das vorwiegend als Legierungsbestandteil verwendet wird. Bismutelektroden dienen der pH-Messung.

2.7 Die VI. Hauptgruppe – Chalkogene

Sauerstoff, Symbol O (griech. oxygenium = Säurebildner) $_{8}O$

Eigenschaften:
Relative Atommasse 16,00; Dichte 0,0014 g/cm^3; häufigstes Element der Erdkruste, der meiste Sauerstoff ist in Form von Oxiden, wie Silicaten und Wasser, gebunden; etwa 20 % der Luft bestehen aus Sauerstoff; es ist ein farb-, geruch- und geschmackloses Gas, das sich in Wasser besser löst als Stickstoff (36 % Sauerstoff in der im Wasser gelösten Luft); es lässt sich bei –183 °C verflüssigen (hellblaue Farbe) und bildet zweiatomige Moleküle (O_2). Sehr reaktionsfähiges Element, besonders in einatomiger Form, wie sie bei manchen chemischen Reaktionen auftritt; chemische Reaktionen mit Sauerstoff nennt man Oxidationen, deren Produkte Oxide; man unterscheidet dabei langsame Oxidationen, z. B. Rosten, von sehr raschen Oxidationen, z. B. Verbrennungen.

INFOKASTEN

In reinem Sauerstoff kommt es zu denselben chemischen Reaktionen wie an der Luft, nur verlaufen erstere rascher. Sauerstoff ist nicht brennbar, fördert aber die Verbrennung.

Herstellung:
Vorwiegend aus der Luft durch fraktionierte Destillation nach Linde (siehe Stickstoff); durch Zersetzung sauerstoffreicher Oxide, z. B. Chlorate:

$2KClO_3 \rightarrow 2KCl + 3O_2$

oder durch Elektrolyse von Wasser:

$2H_2O \rightarrow 2H_2 + O_2$

Dabei wird Sauerstoff an der Anode entwickelt:

$2H_2O \rightleftharpoons H_3O^+ + OH^-$ (Autoprotolyse)

Kathode: $2H_3O^+ + 2e^- \rightarrow H_2 + 2H_2O$ (Wasserstoffentwicklung)

Anode: $4OH^- \rightarrow O_2 + 2H_2O + 4e^-$

In Atemgeräten wird aus Alkaliperoxiden durch Einwirkung von CO_2 Sauerstoff entwickelt:

$2K_2O_2 + 2CO_2 \rightarrow 2K_2CO_3 + O_2$

Verwendung: **Sauerstoff wird in nahtlosen Stahlflaschen bei 150 · 10^2 kPa aufbewahrt; dient zum Schweißen und Schneiden (Sauerstofflanze); als Tauchergas, in Sauerstoffzelten in der Medizin; für den Antrieb von Raketen; in der Metallurgie wird Sauerstoff zur Oxidation der Begleitelemente verwendet.**

Sauerstoffverbindung: Ozon O_3

Dreiatomiges Sauerstoffmolekül mit charakteristischem Geruch, sehr giftig; entsteht bei elektrischen Entladungen, z. B. Gewitterblitze, bzw. durch Einwirkung von UV-Strahlen auf Sauerstoff. Verwendung zur Desinfektion von Trinkwasser und Schwimmbädern. Entsteht durch fotochemische Reaktion aus Stickoxiden (NO_2 und NO) mit Sauerstoff. Die Ozonschicht in der Stratosphäre filtert gefährliche UV-Strahlen der Sonne.
Bildung von Ozon am Boden: Ozon entsteht in den Dunstglocken der Städte und Industriegebiete, wenn die Luft eine große Anzahl von Schadstoffen enthält. Besonders Stickstoffoxide und Kohlenwasserstoffe aus den Auspuffgasen der Autos tragen bei intensivem Sonnenlicht zur Ozonbelastung bei.
Auswirkungen von bodennahem Ozon: Die erhöhte Ozonbelastung an heißen Sommertagen kann die Gesundheit des Menschen beeinträchtigen. Von anstrengender körperlicher Tätigkeit im Freien wird abgeraten. Schon ein geringer Ozonanteil in der Luft kann auch Bäume und Pflanzen schädigen. Ozon gilt neben dem sauren Regen auch als Ursache für das Waldsterben.

INFOKASTEN

Das Ozonloch: Schon Mitte der 1970er-Jahre ließen Messungen in der Antarktis vermuten, dass sich der Ozongehalt in der Stratosphäre verringert. Das über dem Südpol beobachtete Ozonloch hatte 1987 bereits eine Fläche von der Größe der Vereinigten Staaten. Durch die auffällig verminderte Ozonkonzentration über der Antarktis kann nur ein Teil des ultravioletten Sonnenlichtes, welches krebserregend wirken kann, absorbiert werden.

Ursache für den Ozonabbau: Wegen ihrer chemischen Beständigkeit reichern sich Fluorkohlenwasserstoffe (FCKW) über Jahrzehnte in der Atmosphäre an und können bis in die Ozonschicht aufsteigen. Dort werden Sie durch die energiereiche UV-Strahlung gespalten. Dabei werden Chloratome frei, die in einer Art Kettenreaktion Tausende von Ozonmolekülen zerstören.

Sauerstoffverbindung: Oxide O^{2-}

Alle Verbindungen von Elementen mit Sauerstoff sind Oxide; viele Nichtmetalloxide sind Säureanhydride, d. h., durch Reaktion mit Wasser entstehen die entsprechenden Säuren:
$SO_2 + H_2O \rightarrow H_2SO_3$ (schweflige Säure)
$SO_3 + H_2O \rightarrow H_2SO_4$ (Schwefelsäure) usw.
Metalloxide reagieren mit Wasser zu Basen:
$Na_2O + H_2O \rightarrow 2NaOH$
$CaO + H_2O \rightarrow Ca(OH)_2$ usw.

Sauerstoffverbindung: Hydroxide OH^-

Hydroxide enthalten das Hydroxidion (OH^-) und reagieren in wässriger Lösung alkalisch, soweit sie nicht schwer löslich sind. Hydroxide entstehen durch die Reaktionen der Metalloxide mit Wasser (siehe Oxide). Die Hydroxide der Alkali-, Erdalkali- und Erdmetalle sind – mit wenigen Ausnahmen – in Wasser löslich und bilden Laugen. Schwermetallhydroxide ($Cu(OH)_2$, $Fe(OH)_3$, $Sn(OH)_2$, $Bi(OH)_3$ usw.) sind schwer löslich; sie werden aus den entsprechenden Salzlösungen durch Alkalilaugen ausgefällt:

$FeCl_3 + 3NaOH \rightarrow Fe(OH)_3 + 3NaCl$

$CuSO_4 + 2KOH \rightarrow Cu(OH)_2 + K_2SO_4$ usw.

INFOKASTEN

Schwer lösliche Hydroxide haben oft charakteristische Farben, z. B. $Cu(OH)_2$ blau; $Fe(OH)_2$ grün; $Fe(OH)_3$ rotbraun; $Pb(OH)_2$ weiß.

Schwefel, Symbol S (lat. Sulfur = Schwefel) $_{16}S$

Eigenschaften:

Relative Atommasse 32,06; Dichte 2,06 g/cm^3; Schwefel bildet drei Modifikationen: Rhombischer Schwefel (α-Schwefel), monokliner Schwefel (β-Schwefel) und elastischer Schwefel (λ-Schwefel). Bei Zimmertemperatur ist rhombischer Schwefel die beständigste Modifikation; sie bildet gelbe, spröde, geruchlose und auch geschmacklose Kristalle, die in Wasser unlöslich, in Alkohol und Ether dagegen schwer löslich und in Schwefelkohlenstoff (CS_2) schließlich leicht löslich sind. Oberhalb von 96 °C ist der monokline Schwefel beständig; er bildet nadelförmige Kristalle mit hellgelber Farbe. Der elastische Schwefel entsteht aus Schwefelschmelzen, die plötzlich abgeschreckt werden (in kaltem Wasser). Schwefel verbrennt an der Luft mit blauer Flamme zu Schwefeldioxidgas (SO_2), das sich mit der Luftfeuchtigkeit zu schwefliger Säure verbindet. Bei höherer Temperatur verbindet sich Schwefel direkt mit Metallen zu Sulfiden:

$2Na + S \rightarrow Na_2S$

Mit Wasserstoffgas reagiert Schwefel zu Schwefelwasserstoffgas (H_2S, äußerst giftig!). Große Lagerstätten für freien Schwefel gibt es unter anderem in Sizilien, Japan, Mexiko, Louisiana und Texas.

Herstellung:

Aus unterirdischen Lagerstätten wird Schwefel mit überhitztem Wasserdampf verflüssigt und hochgetrieben. Schwefelhaltiges Gestein wird erhitzt und die Schwefeldämpfe kondensiert.

Verwendung: **Zur Herstellung von Schwefelsäure und Insektiziden; zur Vulkanisation von Kautschuk zu Gummi; Farben (Ultramarin); zur Schwarzpulverherstellung u. a. Ein kleiner Teil Schwefel wird zu pharmazeutischen Präparaten und zu kosmetischen Erzeugnissen verarbeitet.**

Schwefelverbindung: Schwefeldioxid SO_2

Eigenschaften:
Schwefeldioxid ist ein farbloses, stechend riechendes, nicht brennbares Gas, das auch die Verbrennung nicht unterhält; in Wasser leicht löslich: bei 20 °C lösen sich 40 l SO_2-Gas in 1 l Wasser; SO_2 wirkt reduzierend und daher bleichend auf Farbstoffe von Seide und Wolle.

Herstellung:
Verbrennung von Schwefel oder schwefelhaltigen Stoffen:
$S + O_2 \rightarrow SO_2$ bzw.
$4FeS_2 + 11O_2 \rightarrow 2Fe_2O_3 + 8SO_2$

Verwendung: **Zum Ausschwefeln von Weinfässern; zur Herstellung der Schwefelsäure (Zwischenprodukt).**

Schwefelverbindung: schweflige Säure H_2SO_3

Sie entsteht bei der Reaktion von SO_2 mit Wasser; ist nur in wässriger Lösung beständig; Reduktionsmittel, geht leicht in Schwefelsäure (H_2SO_4) über. Ihre Salze heißen Sulfite, z. B. ist Calciumhydrogensulfit ($Ca(HSO_3)_2$) in der Sulfitlauge der Papierherstellung enthalten.

Schwefelverbindung: Schwefelsäure H_2SO_4

Eigenschaften:
Konzentrierte Schwefelsäure ist eine sirupartige, farblose und geruchlose Flüssigkeit; stark hygroskopisch, sogar aus Verbindungen wird Wasser abgespalten (Verkohlen von Holz und Geweben); bei dieser Reaktion mit Wasser wird viel Energie freigesetzt, sodass durch lokale Erhitzung beim Eingießen von Wasser auf Schwefelsäure ein Siedevorgang heiße Säure herausspritzen lässt.

INFOKASTEN

Ein in Verbindung mit Schwefelsäure bekannter Merksatz ist: „Gieße niemals Wasser auf Säure, sonst geschieht das Ungeheure.“

In dieser exothermen Reaktion entstehen Schwefelsäurehydrate ($H_2SO_4 \cdot H_2O$; $H_2SO_4 \cdot 2H_2O$; $H_2SO_4 \cdot 4H_2O$). Verdünnte Schwefelsäure ist eine starke Säure, d. h., in wässriger Lösung zerfällt sie vollständig in Ionen; sie reagiert daher mit allen Metallen, die in der Spannungsreihe oberhalb des Wasserstoffs stehen (unedle Metalle) unter Wasserstoffgasbildung, z. B.:

$Zn + H_2SO_4 \rightarrow ZnSO_4 + H_2$

Konzentrierte Schwefelsäure wirkt stark oxidierend und reagiert mit unedlen und edlen Metallen zu Oxiden. Sie selbst wird dabei zu Schwefeldioxid oder sogar zu Schwefelwasserstoff reduziert. Die entstandenen Oxide können mit überschüssiger Säure zu Salzen reagieren. Eisen ist gegenüber konzentrierter Schwefelsäure beständig, da es sich sofort mit einer fest haftenden Oxidschicht überzieht, die es vor dem weiteren Angriff der Säure schützt.

Reaktion von Kupfer mit konzentrierter Schwefelsäure:

Oxidation: $Cu \rightarrow Cu^{2+} + 2e^-$

Reduktion: $SO_4^{2-} + 2e^- + 4H_3O^+ \rightarrow SO_2 + 6H_2O$

Redoxreaktion: $Cu + SO_4^{2-} + 4H_3O^+ \rightarrow Cu^{2+} + SO_2 + 6H_2O$

Stoffgleichung: $Cu + 2H_2SO_4$ (Konz) $\rightarrow CuSO_4 + SO_2 + 2H_2O$

Als schwerflüchtige Säure verdrängt sie die leichter flüchtigen Säuren aus ihren Salzen:

$H_2SO_4 + CaCl_2 \rightarrow CaSO_4 + 2HCl$ bzw.

$H_2SO_4 + CaF_2 \rightarrow CaSO_4 + 2HF$

$H_2SO_4 + Na_2SO_3 \rightarrow Na_2SO_4 + H_2SO_3$

Salze der Schwefelsäure sind die Sulfate, die als Minerale häufig vorkommen, z. B. Gips $CaSO_4$, Glaubersalz Na_2SO_4, Alaun $K_2SO_4 \cdot Al_2(SO_4)_3 \cdot 24H_2O$.

Schwefelsäure gehört zu den am häufigsten produzierten Chemikalien, da sie vielfältig zu verwenden ist.

Herstellung:

Aus Schwefeldioxid wird katalytisch Schwefeltrioxid (fest) gewonnen, das in Wasser eingeleitet wird:

$S + O_2 \rightarrow SO_2$

$2SO_2 + O_2 \rightarrow 2SO_3$

$SO_3 + H_2O \rightarrow H_2SO_4$

Als Katalysator dient Vanadiumpentoxid (V_2O_5).

Verwendung: **Durch die hygroskopische Wirkung kann Schwefelsäure zum Trocknen von Gasen (außer Ammoniak) verwendet werden; in der organischen Chemie als Wasser entziehender Hilfsstoff, z. B. bei der Veresterung; in der Lebensmittelindustrie Hilfsstoff, um z. B. Trinkwasser aufzubereiten. Einsatz bei vielen Synthesen wie Düngerherstellung, Zellwolle-, Explosivstoff-Herstellung, als Elektrolyt, z. B. im Bleiakku usw.**

Selen, Symbol Se (griech. selene = der Mond) $_{34}Se$

Relative Atommasse 78,96; Dichte 4,82 g/cm^3; seltene, graue, metallische Modifikation; die rote Modifikation ist nicht metallisch und unbeständig; wird in Belichtungsmessern eingesetzt, da das Metall bei Belichtung einen zunehmend schwächeren Widerstand hat.

Tellur, Symbol Te (lat. tellus = Erde) $_{52}Te$

Relative Atommasse 127,60; Dichte 6,25 g/cm^3; sehr seltenes Metall; Anwendung in der Halbleitertechnik.

Polonium, Symbol Po $_{84}Po$

Polonium ist ein radioaktives Element und chemisch bedeutungslos.

2.8 Die VII. Hauptgruppe – Halogene

Sämtliche Halogene sind zweiatomig, sie erreichen dadurch die Edelgaskonfiguration. Der Name Halogene stammt aus dem Griechischen (halo = Salz, gennan = erzeugen) und deutet auf den Salzcharakter ihrer Metallverbindungen hin.

Fluor, Symbol F (lat. fluere = fließen) $_{9}F$

Relative Atommasse 19,00; Dichte 1,11 g/cm^3; reaktionsfähigstes Element; farbloses, in hohen Konzentrationen auch gelbgrünes Gas (F_2); reagiert mit Wasserstoff sogar im Dunkeln explosionsartig:

$F_2 + H_2 \rightarrow 2HF$

INFOKASTEN

Fluor besitzt einen durchdringenden, chlorähnlichen Geruch. Beim Einatmen ruft es schwere Entzündungen der Atemwege hervor und verursacht bei der Berührung mit der Haut starke Verätzungen.

Fluor kann aus Verbindungen nur durch Elektrolyse hergestellt werden. Die wichtigste Verbindung ist die Flusssäure (HF), die zum Glasätzen verwendet wird; sie kann nur in Polyethylenflaschen aufbewahrt werden. Natriumfluorid (NaF) wird in kleinen Mengen dem Trinkwasser zur Kariesvorsorge beigemengt. Kyrolith (Natriumhexafluoroaluminat = $Na_3(AlF_6)$) setzt den Schmelzpunkt bei der Aluminiumgewinnung herab.

Chlor, Symbol Cl (griech. chloros = grün) $_{17}Cl$

Eigenschaften:
Relative Atommasse 35,45; Dichte 1,56 g/cm$_3$; gelbgrünes, erstickend riechendes, nicht brennbares Gas (Cl_2), das zweieinhalbmal so schwer wie Luft ist; sehr reaktionsfähiges Gas, das mit fast allen Elementen reagiert, außer mit den Edelgasen; mit Sauerstoff, Stickstoff und Kohlenstoff reagiert es nur zögernd; in Wasser löst es sich zu Chlorwasser (Gemisch aus hypochloriger Säure (HClO) und Salzsäure):
$H_2O + Cl_2 \rightarrow HClO + HCl$
Die hypochlorige Säure zerfällt unter Lichteinwirkung in Salzsäure und atomaren Sauerstoff, der keimtötende und bleichende Wirkung hat:
$HClO \rightarrow HCl + O$
Reaktion mit Metallen:
$Zn + Cl_2 \rightarrow ZnCl_2$
$Cu + Cl_2 \rightarrow CuCl_2$ usw.
Reaktion mit Wasserstoff (Chlorknallgas):
$H_2 + Cl_2 \rightarrow 2HCl$
Die Reaktion wird durch Licht ausgelöst.

INFOKASTEN

Beim Umgang mit Chlor sind wegen seiner Giftigkeit besondere Schutz- und Vorsichtsmaßnahmen erforderlich. Schon weniger als 1 % Chlor in der Luft kann beim Menschen rasch zum Tode führen, da es Luftwege und Lungenbläschen verätzt.

Herstellung:
Durch Chloralkalielektrolyse aus Kochsalzlösung (siehe Natrium); durch Reaktion von Kaliumpermanganat ($KMnO_4$) oder Braunstein (MnO_2) mit Salzsäure:
$2KMnO_4 + 16HCl \rightarrow 2KCl + 2MnCl_2 + 8H_2O + 5Cl_2$ bzw.
$MnO_2 + 4HCl \rightarrow MnCl_2 + 2H_2O + Cl_2$

Verwendung: Für unzählige Chlorverbindungen, wie Salzsäure (HCl), Chlorkalk ($Ca(ClO)_2$) sowie für Metallchloride und Chlorverbindungen in der organischen Chemie; zum Entzinnen von Weißblech; als Desinfektionsmittel für Trinkwasser; als Bleichmittel in der Papierindustrie usw.

Chlorwasserstoff und Salzsäure HCl

Chlorwasserstoffgas entsteht durch Verbrennung von Wasserstoff in Chlorgas:
$H_2 + Cl_2 \rightarrow 2HCl$

oder aus Chloriden durch konzentriertes H_2SO_4:

$2NaCl + H_2SO_4 \rightarrow Na_2SO_4 + 2HCl$

Das Gas ist farblos, stechend riechend, nebelt an der Luft; in Wasser sehr gut löslich (1 l Wasser löst 450 l Chlorwasserstoff); dabei entsteht Salzsäure (HCl), die nur in wässriger Lösung existiert (max. 42,7 % bei 15 °C). Salzsäure ist eine starke Säure, sie ist in verdünnter Lösung zu 100 % dissoziiert (in Ionen zerfallen). Sie reagiert mit unedlen Metallen (Zn, Mg, Fe usw.) unter Wasserstoffgasentwicklung, wobei ihre Salze, die Chloride, entstehen, z. B.:

$Mg + 2HCl \rightarrow MgCl_2 + H_2$

Edle Metalle, die in der Spannungsreihe unter Wasserstoff stehen, werden von Salzsäure nicht angegriffen, aber deren Oxide; daher wird Salzsäure zur Reinigung dieser Metalle eingesetzt:

$CuO + 2HCl \rightarrow CuCl_2 + H_2O$

Brom, Symbol Br (griech. bromos = der Gestank) $_{35}Br$

Relative Atommasse 79,91; Dichte 3,14 g/cm³; übel riechende, rotbraune, giftige Flüssigkeit, die leicht Dämpfe entwickelt (Br_2); wirkt ätzend auf die Atemorgane; reagiert mit vielen unedlen Metallen zu Bromiden:

$Zn + Br_2 \rightarrow ZnBr_2$

Bromwasserstoff (HBr) ähnelt wie die Bromwasserstoffsäure der entsprechenden Chlorverbindung. Bestimmte Bromverbindungen sind Bestandteile in Beruhigungsmitteln.

INFOKASTEN

Brom kommt in der Natur als gelöstes Bromid im Meerwasser sowie als Bromwasserstoff in Vulkangasen vor.

Jod, Symbol I (griech. iodeides = violett) $_{53}I$

Relative Atommasse 126,90; Dichte 4,94 g/cm³; grau metallisch glänzende Kristallplättchen, die bei Zimmertemperatur in violettes Gas (I_2) übergehen (Sublimieren, d. h., der flüssige Zustand wird ausgelassen); löst sich nur schwer in Wasser (Jodwasser), gut in Alkohol (Jodtinktur), sehr gut in Kaliumjodidlösung (Jod-Jodkali); reagiert wie die übrigen Halogene, nur weniger intensiv; wird zum Nachweis von Stärke verwendet. Jodwasserstoffsäure ist eine sehr starke Säure.

Astat, Symbol At (griech. astaton = das Unbeständige) $_{85}At$

Astat ist ein radioaktives Element und chemisch unbedeutend.

2.9 Die VIII. Hauptgruppe – Edelgase

Helium, Symbol He (griech. helios = Sonne) $_{2}He$

Relative Atommasse 4,00; Dichte 0,18 g/l. Helium wird wegen seiner geringen Dichte als Füllgas für Luftschiffe und Ballons verwendet.

Neon, Symbol Ne (griech. neos = neu) $_{10}N$

Relative Atommasse 20,18; Dichte 0,84 g/l. Neon dient als Kältemittel in Kühlanlagen und zum Füllen von Leuchtstoffröhren und Glühlampen. Es wird außerdem in speziellen Lasern verwendet.

Argon, Symbol Ar (griech. argos = träge) $_{18}Ar$

Relative Atommasse 39,95; Dichte 1,66 g/l. Argon dient als Schutzgas beim Schweißen; es hält den Sauerstoff von der Schweißstelle ab und schützt das Metall vor der Verbrennung. Es ist als Argonlaser in der Augenheilkunde im Einsatz.

Krypton, Symbol Kr (griech. kryptos = verborgen) $_{36}Kr$

Relative Atommasse 83,80; Dichte 3,48 g/l. Krypton dient als Füllgas in Glühlampen. Viele Glühlampen werden mit Krypton und Xenon gefüllt, um ein Durchbrennen der Glühwendel zu verhindern. Dadurch kann die Glühtemperatur auf ca. 2500 °C gesteigert werden.

Xenon, Symbol Xe (griech. senos = fremd) $_{54}Xe$

Relative Atommasse 131,29; Dichte 5,49 g/l. Xenon wird in Elektronenblitzgeräten verwendet.

Radon, Symbol Rn (lat. radius = Strahl) $_{86}Rn$

Radon ist ein unbeständiges, radioaktives Element; unter Normalbedingungen farblos, geruchlos und geschmacklos.

Die Edelgase sind chemisch unbedeutend; zwar gibt es Verbindungen, vor allem von Xenon (Fluoride und Oxide), diese sind jedoch nur von theoretischem Interesse. In Entladungsröhren (Neonröhren) leuchten die Edelgase mit charakteristischen Farben. Da sie äußerst reaktionsträge sind (Edelgaskonfiguration), bilden sie auch nur einatomige Gase.

3. Die Nebengruppenelemente

Dabei handelt es sich um Metalle, die sich durch die Elektronenzahl der vorletzten Schale unterscheiden. Da diese Elektronen relativ leicht in die äußerste Schale angehoben werden können, haben diese Elemente mehrere Wertigkeiten, je nach Zahl der beanspruchten Elektronen. Dabei gilt die Halbbelegung und die Vollbelegung der vorletzten Schale als energetisch stabil, sodass Valenzelektronen zur Auffüllung heruntergeholt oder sechste und siebte Elektronen zu Valenzelektronen angehoben werden. Lanthanide und Actinide sind alle zweiwertig, da von ihnen die drittletzte Schale mit Elektronen aufgefüllt wird. Die einzelnen Nebengruppen sind: Kupfergruppe (Ia), Zinkgruppe (IIa), Scandiumgruppe (IIIa), Titangruppe (IVa), Vanadiumgruppe (Va), Chromgruppe (VIa), Mangangruppe (VIIa), Eisen-Kobalt-Nickel-Gruppe (VIIIa).

Tabellenausschnitt aus dem PSE (Nebenguppen)

IIIa	IVa	Va	VIa	VIIa	VIIIa			Ia	IIa
$_{21}$Sc	$_{22}$Ti	$_{23}$V	$_{24}$Cr	$_{25}$Mn	$_{26}$Fe	$_{27}$Co	$_{28}$Ni	$_{29}$Cu	$_{30}$Zn
$_{39}$Y	$_{40}$Zr	$_{41}$Nb	$_{42}$Mo	$_{43}$Tc	$_{44}$Ru	$_{45}$Rh	$_{46}$Pd	$_{47}$Ag	$_{48}$Cd
$_{57}$La	$_{72}$Hf	$_{73}$Ta	$_{74}$W	$_{75}$Re	$_{76}$Os	$_{77}$Ir	$_{78}$Pt	$_{79}$Au	$_{80}$Hg
$_{89}$Ac	$_{104}$Db	$_{105}$Jl							

Lanthaniden (sie folgen auf $_{57}$La):
$_{58}$Ce $_{59}$Pr $_{60}$Nd $_{61}$Pm $_{62}$Sm $_{63}$Eu $_{64}$Gd $_{65}$Tb $_{66}$Dy $_{67}$Ho $_{68}$Er $_{69}$Tm $_{70}$Yb $_{71}$Lu
Actiniden (sie folgen auf $_{89}$Ac):
$_{90}$Th $_{91}$Pa $_{92}$U $_{93}$Np $_{94}$Pu $_{95}$Am $_{96}$Cm $_{97}$Bk $_{98}$Cf $_{99}$Es $_{100}$Fm $_{101}$Md $_{102}$Na $_{103}$Lr

3.1 Die Ia - Kupfergruppe

Kupfer, Symbol Cu (lat. cuprum nach Cypern) $_{29}$Cu

Eigenschaften:
Relative Atommasse 107,87; Dichte 8,96 g/cm^3; hellrotes Metall, weich und zäh; hat nach Silber die beste Leitfähigkeit aller Metalle; oxidiert an der Luft zu grüner Patina ($CuCO_3$, $CuSO_4$, $CuCl_2$, $Cu(OH)_2$). Grünspan ist giftiges Kupferacetat ($CuAc_2$, organische Verbindung). Als edles Metall entwickelt es mit Säuren keinen Wasserstoff, es reagiert nur mit oxidierenden Säuren.

Herstellung:
Aus Kupfererzen wird es durch Reduktion mit Koks gewonnen:
$2Cu_2O + C \rightarrow CO_2 + 4Cu$
Anschließend erfolgt elektrolytische Reinigung.

Verwendung: **Als Legierungsbestandteil (Messing 70 % Cu + 30 % Zn); als Stromleiter (Drähte, Kabel). Wichtige Kupferverbindungen sind Kupfer(I)-oxid (Cu_2O) und Kupfersulfat ($CuSO_4$), das als Schädlingsgift, z. B. gegen Rebläuse an Weinpflanzen, Verwendung findet.**

Silber, Symbol Ag (lat. argentum) $_{47}Ag$

Eigenschaften:
Relative Atommasse 107,87; Dichte 10,49 g/cm^3; silberweißes, weiches, sehr dehnbares Metall; lässt sich zu feinsten Fäden (Filigrandraht) ausziehen; es ist ein edles Metall, das an der Luft nicht oxidiert (kommt daher auch gediegen, also in elementarer Form vor); Schwärzungen entstehen durch Reaktion von Silber mit Schwefelwasserstoff, wobei Silbersulfid (schwarz) entsteht:
$4Ag + 2H_2S + O_2 \rightarrow 2Ag_2S + 2H_2O$
Silber wird nur von heißer Salpetersäure (Scheidewasser) gelöst, es entsteht Silbernitrat:
$3Ag + 4HNO_3 \rightarrow 3AgNO_3 + NO + 2H_2O$

Herstellung:
Aus den Erzen durch Cyanidlaugerei mit Natriumcyanid:
$Ag_2S + 4NaCN \rightarrow 2Na[Ag(CN)_2] + Na_2S$
Anschließend erfolgt die Reinigung durch Elektrolyse (Möbiusverfahren).

Verwendung: **Als Schmuck, zum Versilbern und Verspiegeln; als Legierungsbestandteil, z. B. Silberamalgam als Plombenmaterial für Zahnfüllungen. Wichtige Verbindungen sind Silbernitrat ($AgNO_3$ = Höllenstein), das in der Medizin als Ätzmittel verwendet wird, und Silberhalogenide (werden in der Fotografie als lichtempfindliche Emulsionen eingesetzt), aus denen das Licht Silberatome entstehen lässt: $2AgCl \rightarrow 2Ag + Cl_2$**

Gold, Symbol Au (lat. aurum) $_{79}Au$

Eigenschaften:
Relative Atommasse 197,97; Dichte 19,32 g/cm^3; gelbes, glänzendes und weiches Edelmetall, das sich extrem dünn auswalzen und dehnen lässt; an der Luft und auch in Säuren wird es nicht oxidiert (Ausnahme: Königswasser); von Chlorwasser und Kaliumcyanid (KCN) wird Gold angegriffen.

Herstellung:
Gold kommt gediegen vor, wird daher wegen seines hohen spezifischen Gewichtes aus dem Gestein ausgewaschen (Schlämmen) oder mit Quecksilber amalgamiert (durch Erhitzen verdampft das Quecksilber) oder durch Cyanidlaugerei gebunden und schließlich elektrolytisch rein gewonnen:
$4Au + 8NaCN + 2H_2O + O_2 \rightarrow 4Na[Au(CN)_2] + 4NaOH$

Verwendung: Als Währungsdeckung; als Schutzschicht beim Vergolden unedlerer Metalle; zu Schmuckzwecken wird Gold mit Silber und Kupfer legiert, da die Legierung härter ist. Der Reinheitsgehalt wird in Karat angegeben (wie bei Silber): 24 Karat ist reines Gold (100 %); 18 Karat: 75 % Gold; 8 Karat: 33,3 % Gold.

3.2 Die IIa - Zinkgruppe

Zink, Symbol Zn (lat. zincum = zackig) $_{30}Zn$

Eigenschaften:
Relative Atommasse 65,37; Dichte 7,14 g/cm³; bläulich weißes Metall, bei Zimmertemperatur spröde, bei 100–150 °C weich und dehnbar; überzieht sich an der Luft mit einer fest haftenden Schutzschicht aus basischem Zinkcarbonat ($ZnCO_3 \cdot Zn(OH)_2$) und wird daher von Wasser nicht angegriffen: Rostschutz für Eisen; mit Säuren entwickelt Zink als unedles Metall Wasserstoff:
$Zn + 2HCl \rightarrow ZnCl_2 + H_2$

Herstellung:
Aus Zinkerzen mit Schwefelsäure, anschließende Elektrolyse:
$ZnCO_3 + H_2SO_4 \rightarrow ZnSO_4 + H_2O + CO_2$

Verwendung: Als Rostschutz für Eisenbleche, z. B. im Fahrzeugbau; als Legierungsbestandteil, z. B. in Messing (ca. 30 % Zink). Als Zinkverbindungen haben Bedeutung: Zinkoxid (ZnO) als weißes Pigment in Malerfarben, in Zinksalbe gegen Brandwunden und als Zusatz bei der Vulkanisation von Kautschuk zu Gummi. Zinkchlorid ($ZnCl_2$), ein Bestandteil des Lötwassers, wird als Flussmittel verwendet. Zinksulfid (ZnS) leuchtet beim Auftreffen von radioaktiver Strahlung und Röntgenstrahlung auf.

Cadmium, Symbol Cd (griech. cadmia, ein Zinkerz) $_{48}Cd$

Relative Atommasse 112,41; Dichte 8,65 g/cm³; Verwendung für Ni/Cd-Akkus.

Quecksilber, Symbol Hg (griech. Hydrargyrum = Wassersilber) $_{80}Hg$

Relative Atommasse 200,59; Dichte 13,53 g/cm^3; einziges bei Zimmertemperatur flüssiges Metall; sehr giftig, verdampft leicht; Quecksilberreste müssen daher vollständig entfernt werden (Amalgambildung mit Zinkpulver).

Verwendung: Als Thermometerfüllung; als Silberamalgam in Zahnfüllungen. Quecksilber(I)-chlorid (Kalomel, HgCl) wird als Elektrodenmaterial verwendet; Quecksilber(II)-oxid (HgO) spaltet beim Erhitzen Sauerstoff ab; Quecksilber(II)-sulfid (HgS) löst sich auch in Säuren nicht, ist daher ungiftig; bekannt als Zinnober, orangerotes Farbpigment.

3.3 Die IIIa – Scandiumgruppe

Scandium, Symbol Sc (abgeleitet von Scandinavien) $_{21}Sc$

Relative Atommasse 44,96; Dichte 2,99 g/cm^3.

Yttrium, Symbol Y (von Ytterby, schwed. Ort) $_{39}Y$

Relative Atommasse 88,91; Dichte 4,47 g/cm^3.

Lanthan, Symbol La (griech. lanthanein = verborgen) $_{57}La$

Relative Atommasse 138,91; Dichte 6,17 g/cm^3. Die Lanthaniden (mit der Ordnungszahl 58–71) sind chemisch unbedeutend.

Actinium, Symbol Ac (griech. aktionoeis = strahlend) $_{89}Ac$

Unbedeutend. Actiniden: radioaktive Elemente mit der Ordnungszahl 90–103; Uran ($_{92}U$) dient als Ausgangselement für Kernbrennstoffe.

3.4 Die IVa – Titangruppe

Titan, Symbol Ti (nach Titan, griech. Sagengestalt) $_{22}Ti$

Relative Atommasse 47,88; Dichte 4,51 g/cm^3; relativ häufiges Metall, stahlglänzend, nur bei höherer Temperatur Reaktionen mit Sauerstoff. Ist wichtiger Legierungsbestandteil für Stahl, geeignet für Flugzeugbau und Raketentechnik. Titan(IV)-oxid (TiO2) ist ein weißes Farbpigment, für gut deckende Anstriche.

Zirkonium, Symbol Zr (nach dem Halbedelstein Zirkon) $_{40}Zr$

Relative Atommasse 91,22; Dichte 6,49 g/cm^3.

Hafnium, Symbol Hf (nach Hafnia = Kopenhagen) $_{72}Hf$

Relative Atommasse 178,49; Dichte 13,31 g/cm^3.

3.5 Die Va - Vanadiumgruppe

Vanadium, Symbol V (Vanadis, german. Göttin) $_{23}V$

Relative Atommasse 50,94; Dichte 6,09 g/cm^3.

Niob, Symbol Nb (nach Niobe, griech. Sagengestalt) $_{41}Nb$

Relative Atommasse 92,91; Dichte 8,58 g/cm^3.

Tantal, Symbol Ta (nach Tantalus, griech. Sagengestalt) $_{73}Ta$

Relative Atommasse 180,95; Dichte 16,68 g/cm^3.

3.6 Die VIa - Chromgruppe

Chrom, Symbol Cr (griech. chromos = Farbe) $_{7}Cr$

Relative Atommasse 52,00; Dichte 7,19 g/cm^3; glänzendes Metall, als Korrosionsschutz für Eisen. Kaliumdichromat ($K_2Cr_2O_7$), ein Oxidationsmittel, wird zum Alkoholnachweis in der Atemluft verwendet – es färbt sich dabei von gelb nach grün; Cr(VI) (gelb) wird zu Cr(III) (grün) reduziert und der Alkohol wird oxidiert.

Molybdän, Symbol Mo (griech. molybdos = Blei) $_{42}Mo$

Relative Atommasse 95,94; Dichte 10,28 g/cm^3; wichtiger Legierungsbestandteil im Stahl.

Wolfram, Symbol W (nach dem Mineral Wolframit) $_{74}W$

Relative Atommasse 183,85; Dichte 19,26 g/cm^3; Legierungsbestandteil im Stahl.

3.7 Die VIIa – Mangangruppe

Mangan, Symbol Mn (griech. manganizein = reinigen) $_{25}Mn$

Relative Atommasse 54,94; Dichte 7,43 g/cm³; in Stahllegierungen. Wichtige Verbindungen: Kaliumpermanganat ($KMnO_4$), Oxidationsmittel, z. B. zur Chlorherstellung:
$2KMnO_4 + 16HCl \rightarrow 2MnCl_2 + 5Cl_2 + 8H_2O + 2KCl$
Braunstein (MnO_2), Oxidationsmittel, als Katalysator für den Wasserstoffperoxidzerfall.

Rhenium, Symbol Re $_{75}Re$

Relative Atommasse 186,21; Dichte 21,03 g/cm³; silberweiß glänzendes, seltenes, schweres, mehrwertiges Übergangsmetall; sehr hoher Schmelzpunkt, sehr hohe Dichte.

3.8 Die VIIIa – Eisen-Kobalt-Nickel-Gruppe

Eisen, Symbol Fe (lat. ferrum = Eisen) $_{26}Fe$

Relative Atommasse 55,85; Dichte 7,86 g/cm³; häufiges, zähes, silberweißes Metall, magnetisierbar; oxidiert an feuchter Luft (Rosten); muss daher als wichtigstes Metall (Karosseriebau) vor Korrosion geschützt werden; reagiert mit verdünnten Säuren (HCl):
$2Fe + 6HCl \rightarrow 2FeCl_3 + 3H_2$
Wichtige Verbindungen: Eisen(II)-sulfat ($FeSO_4 \cdot 7H_2O$), grüne Kristalle, für Eisentinten; Eisen(III)-chlorid ($FeCl_3 \cdot 6H_2O$), gelbe Masse, hygroskopisch; dient zum Ätzen von Kupferbeschichtungen in der Elektronik (Platinen):
$Cu + 2FeCl_3 \rightarrow CuCl_2 + 2FeCl_2$

Cobalt, Symbol Co (von Kobold, ein Berggeist) $_{27}Co$

Relative Atommasse 58,93; Dichte 8,90 g/cm³; Bestandteil harter Stahllegierungen.

Nickel, Symbol Ni (von Nickel, ein Berggeist) $_{28}Ni$

Relative Atommasse 58,71; Dichte 8,90 g/cm³; Bestandteil von Werkzeugstahl.

Platinmetalle Ruthenium (Ru), Rhodium (Rh), Palladium (Pd), Osmium (Os), Iridium (Ir) und Platin (Pt)

Sie gehören zu den edelsten Metallen und werden häufig als Katalysatoren in der Technik eingesetzt.

ÜBUNGEN: DIE ELEMENTE

1. **Das Periodensystem der Elemente liefert eine Vielzahl von Informationen über die Eigenschaften und den Atombau der Elemente.**
   a) Geben Sie an, nach welchen Kriterien die Elemente im Periodensystem angeordnet wurden!
   b) Was haben alle Elemente gemeinsam, die in einer Hauptgruppe stehen, und was haben alle Elemente gemeinsam, die in einer Periode stehen?
   c) Erklären Sie, wo man im Periodensystem Metalle findet und wo Nichtmetalle stehen!
   d) Erklären Sie den Zusammenhang zwischen dem Atombau und den Nebengruppenelementen!

2. **Wasserstoff ist das leichteste aller Elemente.**
   a) Geben Sie drei verschiedene Möglichkeiten an, wie man Wasserstoffgas herstellen könnte! Schreiben sie dazu zusätzlich auch jeweils eine Formelgleichung!
   b) Welche Isotope des Wasserstoffs gibt es und welche Besonderheit weisen sie auf?

3. **Natrium ist das wichtigste Alkalimetall.**
   a) Benennen Sie eine Möglichkeit, wie man Natrium gewinnen kann! Geben Sie dazu auch Formelgleichungen an!
   b) Natriumcarbonat oder Soda ist eine der wichtigsten Natriumverbindungen und kann nach dem Solvayverfahren hergestellt werden. Beschreiben Sie dieses Verfahren unter Mitverwendung von Formelgleichungen!

4. **Kalkmörtel ist schon seit undenklichen Zeiten ein wichtiger Baustoff.**
   a) Formulieren Sie Gleichungen für das Brennen und das Löschen von Kalk!
   b) Formulieren Sie eine Gleichung für das Abbinden von Kalkmörtel!

5. **Calcium und Magnesiumverbindungen sind auch für die Härte des Wassers verantwortlich. Dabei unterscheidet man eine Gesamthärte, eine temporäre Härte und eine permanente Härte. Was versteht man unter diesen Begriffen?**

6. **Erklären Sie unter Mitverwendung von Formelgleichungen, wie die temporäre Härte des Wassers entsteht! Beantworten Sie außerdem, was beim Kochen von hartem Wasser geschieht! Geben Sie auch dafür eine Formelgleichung an!**

7. **Als der deutsche Chemiker Friedrich Wöhler anlässlich der Weltausstellung in Paris das erste reine Aluminium präsentierte, war sein Preis höher als der von Gold. Erst durch die Entwicklung der Dynamomaschine und der damit verbundenen Möglichkeit, Aluminium durch Elektrolyse herzustellen, wurde es zu einem der wichtigsten Gebrauchsmetalle.**

a) Schreiben Sie Formelgleichungen für die Schmelzelektrolyse von Aluminiumoxid!

b) Zur Schmelzelektrolyse löst man das Aluminiumoxid in Kryolith (Na_3AlF_6). Erklären Sie den Zweck dieser Maßnahme!

c) Berechnen Sie, wie lange ein Strom mit der Stromstärke I = 100 000 A fließen muss, um 100 kg Aluminium zu erzeugen!

8. **Kohlenstoff kommt in unterschiedlichen Erscheinungsformen (Modifikationen) vor. Die bekanntesten sind Diamant und Grafit. Beschreiben Sie die räumliche Struktur und die Bindungsverhältnisse und erklären Sie damit die unterschiedlichen Eigenschaften beider Stoffe!**

9. **Das Siliziumatom hat ebenso wie Kohlenstoff vier Valenzelektronen. Jedoch vermeidet Silizium als Element der dritten Periode die Ausbildung von Doppelbindungen. Erklären Sie, welche Auswirkungen dies auf die Struktur und die Eigenschaften des Siliziumdioxids sowie der Kieselsäure hat!**

10. **Das Haber-Bosch-Verfahren ist das wichtigste Verfahren, um den Stickstoff der Luft in eine Verbindung zu überführen.**

a) Erläutern Sie unter Mitverwendung von Formelgleichungen, wie man aus den Rohstoffen Luft, Kohlenstoff und Wasser die Grundstoffe für diese Synthese erzeugen kann!

b) Geben Sie eine Formelgleichung für die Bildung von Ammoniak bei dieser Synthese an und begründen Sie daraus die Reaktionsbedingungen, die dabei angewendet werden!

c) Beantworten Sie kurz, warum die relativ geringe Ausbeute (etwa 17 %) hier keine Rolle spielt!

11. **Ein großer Teil des Ammoniaks wird nach dem Ostwaldverfahren zu Salpetersäure weiterverarbeitet.**

a) Beschreiben Sie dieses Verfahren in kurzen Worten und geben Sie Formelgleichungen für alle Reaktionen an!

b) Reine Salpetersäure kann man erhalten, wenn man Natriumnitrat in einer Destillationsapparatur mit konzentrierter Schwefelsäure erhitzt. Geben Sie Formelgleichungen dafür an!

12. Schwefelsäure ist die in der chemischen Industrie am meisten gebrauchte Mineralsäure.

a) Beschreiben Sie in kurzen Worten die Synthese von Schwefelsäure! Geben Sie dabei für alle Schritte Formelgleichungen an!

b) Geben Sie zwei Möglichkeiten an, wie man das als Ausgangsstoff benötigte Schwefeldioxid erhalten kann! Schreiben Sie für die Reaktionen Formelgleichungen!

c) Verdünnt man 50 ml reine Schwefelsäure mit 50 ml Wasser, so erhält man lediglich etwa 98 ml verdünnte Schwefelsäure. Erklären Sie dieses Phänomen!

13. Konzentrierte Schwefelsäure wirkt stark oxidierend. Dabei wird sie selbst zu Schwefeldioxid reduziert. Formulieren Sie die Reaktion von konzentrierter Schwefelsäure mit Kupfer in geeigneter Form!

14. Die Chloralkalielektrolyse ist ein großtechnisches Verfahren, das zur Gewinnung von Chlorgas aus Kochsalz verwendet wird.

a) Eine Variante davon ist das Amalgamverfahren. Beschreiben Sie dieses Verfahren und geben Sie für die einzelnen Schritte Formelgleichungen an!

b) Beschreiben Sie, was das Besondere an diesem Verfahren ist! Erklären Sie außerdem, wodurch dies ermöglicht wird!

c) Geben Sie einen Vorteil und einen Nachteil dieses Verfahrens an!

d) Welche weitere Variante der Chloralkalielektrolyse kennen Sie? Geben Sie auch hier einen Vorteil und einen Nachteil an!

15. Chlorgas war lange Zeit ein viel verwendetes Bleichmittel.

a) Erklären Sie die bleichende Wirkung von Chlorgas unter Mitverwendung geeigneter Formelgleichungen!

b) Warum wird die Chlorbleiche heute nach Möglichkeit vermieden? Geben Sie an, welche Alternativen Sie kennen!

16. Welche Möglichkeit zur Herstellung von Chlorwasserstoff kennen Sie außer der Synthese aus den Elementen? Geben Sie Formelgleichungen für die Reaktionen an!

17. Man füllt einen Rundkolben mit Chlorwasserstoffgas und verschließt ihn mit einem Stopfen, durch den ein zu einer Spitze ausgezogenes Glasrohr führt. Taucht man die Mündung des Glasrohrs in ein Becherglas mit Wasser, dem etwas Methylorangelösung zugesetzt ist, so schießt das Wasser nach einer kurzen Verzögerung mit großer Kraft in den Kolben und füllt ihn fast vollständig. Gleichzeitig färbt es sich rot. Erklären Sie diese Beobachtungen! Verwenden Sie auch eine Formelgleichung!

18. Kupfer kommt in der Natur sowohl gediegen als auch in Form von Kupfererzen vor.

a) Geben Sie eine Formelgleichung für die Reduktion von Kupfer(II)oxid mit Kohlenstoff an!

b) Das durch Reduktion von Kupfererzen gewonnene Rohkupfer enthält je nach Herkunft des Erzes noch Beimengungen wie Silber, Gold, Cadmium und Zink. Es wird anschließend durch Elektrolyse gereinigt. Dazu wird in einer Kupfersalzlösung eine Rohkupferplatte als Anode und ein Feinkupferblech als Kathode geschaltet. Die Spannung wird so gewählt, dass an der Anode gerade noch Kupferatome Elektronen abgeben können und an der Kathode gerade noch Kupferionen Elektronen aufnehmen können. Erklären Sie, wieso es dadurch zu einer Reinigung kommt! Wodurch könnte dieses Verfahren wirtschaftlich sein?

19. Eisen ist unser wichtigstes Gebrauchsmetall. Es wird in einem Hochofen aus Eisenerzen gewonnen. Dabei findet eine direkte Reduktion durch Kohlenstoff und eine indirekte durch Kohlenstoffmonoxid statt.

a) Formulieren Sie beide Reaktionen! (Verwenden Sie Eisen(III)oxid für das Eisenerz.)

b) Erklären Sie, wie das für die indirekte Reduktion notwendige Kohlenstoffmonoxid entsteht!

20. Taucht man in eine Kochsalzlösung mit c(NaCl) = 1 mol/l, die etwas Kaliumhexacyanoferrat(III) ($K_3[Fe(CN)_6]$) und einige Tropfen einer Phenolphthaleinlösung enthält, einen blanken Eisennagel, der zur Hälfte verkupfert ist, kann man nach kurzer Zeit um das Eisen einen blauen Saum und um das Kupfer einen roten Saum beobachten.

a) Erklären Sie diese Beobachtung!

b) Geben Sie Formelgleichungen für die chemischen Reaktionen an!

c) Welche Aufgabe kommt in diesem Experiment dem Kochsalz zu?

21. Durch das Rosten von Eisen entsteht jedes Jahr ein großer wirtschaftlicher Schaden.

a) Was ist Rost chemisch gesehen?

b) Beschreiben Sie das Rosten von Eisen unter Mitverwendung geeigneter Formelgleichungen!

c) Warum kann die Rostschicht das Eisen nicht vor weiterer Korrosion schützen?

22. Mangan kann durch Reduktion von Mangandioxid mit Aluminium gewonnen werden.

a) Geben Sie eine Formelgleichung für diese Reaktion an!

b) Wie könnte man Mangan noch gewinnen? Schreiben Sie eine Formelgleichung!

Grundlagen

1. Heterogene Gemenge können sein: Feststoffgemenge (Sand), Suspension (Tusche), Rauch (Dieselqualm), Emulsion (Milch) und Nebel (Sprühnebel). Rauch und Nebel fasst man auch zusammen als Aerosol.

2. Siedepunkt (Destillation), Dichte (Goldwaschen), Teilchengröße (Filtrieren), Magnetismus (Aussortieren von Eisen aus dem Müll)

3. Das Gemenge wird in eine Destillationsapparatur gefüllt und erwärmt. Ist der Siedepunkt des niedriger siedenden Stoffes erreicht, verdampft dieser. Der Dampf kondensiert im Kühler und die Flüssigkeit tropft in die Vorlage. Solange der Stoff verdampft, bleibt die Temperatur konstant. Danach steigt sie, bis der Siedepunkt des zweiten Stoffes erreicht ist. In der Zwischenzeit muss man die Vorlage wechseln. Beispiel: Destillation von Erdöl.

4. Zunächst erwärmt man das Gemenge in einem Becherglas, das mit einem Uhrglas abgedeckt ist. Bei rund 115 °C sublimiert das Jod und setzt sich in Form stark glänzender stahlgrauer Kristalle am Uhrglas ab. Danach gibt man zum Gemisch von Sand und Kochsalz Wasser. Das Salz löst sich und das Salzwasser kann durch Filtrieren abgetrennt werden. Der Quarzsand bleibt als Rückstand im Filter zurück. Jetzt muss man die Salzlösung eindampfen und erhält so das Salz zurück.

5. Ein Reinstoff ist ein Stoff, der durch und durch gleichartige physikalische Eigenschaften aufweist.

6. Bei einem Feststoff sind die kleinsten Teilchen an definierten Gitterplätzen angeordnet. Dort schwingen sie um ihre Ruhelage. Mit zunehmender Temperatur werden diese Schwingungen immer heftiger und die Teilchen brauchen dadurch im Durchschnitt mehr Platz. Der Stoff dehnt sich aus.

7. a) Reinstoffe, die durch chemische Verfahren in neue Reinstoffe zerlegt werden können, nennt man Verbindungen; solche, bei denen dies nicht möglich ist, sind Elemente. **b)** Eine solche Reaktion nennt man Analyse: $AB \rightarrow A + B$

8. Synthese: $A + B \rightarrow AB$; Umsetzung: $AB + C \rightarrow AC + B$; doppelte Umsetzung: $AB + CD \rightarrow AC + BD$

9. a) Analyse **b)** Umsetzung **c)** Synthese **d)** Analyse

10. Es ist nicht richtig. Die meisten Elemente bestehen aus verschiedenen Isotopen, die man durch physikalische Verfahren trennen kann. Beispiel: Trennung der Uranisotope ^{235}U und ^{238}U bei der Herstellung von Brennelementen für Kernkraftwerke.

11. Atome bestehen aus einem positiv geladenen Kern, der sehr klein ist und nahezu die gesamte Masse des Atoms enthält. Er ist umgeben von einer großen, nahezu masselosen negativ geladenen Hülle. Diese Hülle kann von den positiv geladenen α-Teilchen durchdrungen werden. Nur dann, wenn ein α-Teilchen auf einen Atomkern trifft oder sehr nahe vorbeifliegt, wird es stark abgelenkt. Da die Atomkerne im Verhältnis zur Hülle jedoch sehr klein sind, geschieht dies sehr selten.

12. Bei beiden Modellen besteht das Atom aus einem Atomkern, der aus Protonen und Neutronen aufgebaut ist. Während sich nach Rutherford die Elektronen willkürlich in der Atomhülle bewegen, bewegen sie sich nach den Vorstellungen Bohrs auf genau definierten Bahnen, den Quantenbahnen.
13. Das Atom ^{14}N besteht aus einem Kern mit sieben Protonen und sieben Neutronen. In der Hülle befinden sich sieben Elektronen. Zwei befinden sich auf der ersten und fünf auf der zweiten Bahn. Die zweite Schale ist die Valenzschale.
14. Acht Elektronen auf der Valenzschale sind ein energetisch besonders stabiler Zustand.
15. Alle chemischen Vorgänge spielen sich ausschließlich in der Valenzschale ab. Daher zeigen Elemente mit der gleichen Anzahl von Valenzelektronen große Ähnlichkeit in ihren chemischen Eigenschaften.
16. Magnesium könnte entweder sechs Elektronen aufnehmen oder aber zwei Elektronen abgeben. (Dann wird die darunterliegende, mit acht Elektronen besetzte Schale neue Valenzschale). Im ersten Fall würde ein sechsfach negativ geladenes Ion entstehen. Eine derart hohe Konzentration von negativer Ladung ist sehr ungünstig, daher wird die zweite Möglichkeit verwirklicht, die zu einem zweifach positiv geladenen Ion führt.

Verhältnisse bei chemischen Reaktionen

1. a) Die Masse wird sich nicht verändert haben. **b)** Es handelt sich hier um eine doppelte Umsetzung.
2. a) Die Masse des Produkts müsste kleiner sein, da Masse und Energie äquivalent sind gemäß der Formel $E = m \cdot c^2$. c ist hier die Lichtgeschwindigkeit ($2{,}998 \cdot 10^{-8}\ m \cdot s^{-1}$). **b)** Wegen dieser enorm großen Zahl entsprechen die Energien, die bei chemischen Reaktionen auftreten, so kleinen Massen, dass diese unberücksichtigt bleiben können.
3. a) Man könnte das Gemisch mithilfe eines Magneten trennen. **b)** Nach der Reaktion wird dieses Trennverfahren nicht mehr funktionieren, da jetzt aus dem Gemenge ein neuer Reinstoff mit anderen Eigenschaften entstanden ist. **c)** Bei der Reaktion verbindet sich ein Eisenatom mit einem Schwefelatom. Da jede Atomart eine definierte Masse hat, verbinden sich auch immer definierte Mengen der einen Atomart mit einer definierten Menge der anderen Atomart.
4. a) Da nach Avogadro in gleichen Volumina aller Gase unter gleichen Bedingungen gleich viele Teilchen enthalten sind, muss die Anzahl der Chlorwasserstoffteilchen genauso groß sein wie die Summe der Wasserstoffteilchen und der Chlorteilchen. Da jedes Chlorwasserstoffteilchen Wasserstoff und Chlor enthält, müssen die Teilchen im Wasserstoff und im Chlor aus je zwei Atomen bestehen. **b)** Bei einer Temperatur von über 100 °C ist das entstehende Wasser gasförmig. Da jedes Wasserteilchen Sauerstoff enthalten muss, kann man schließen, dass ein Wasserteilchen aus zwei Atomen Wasserstoff und einem Atom Sauerstoff bestehen muss.

5. a)

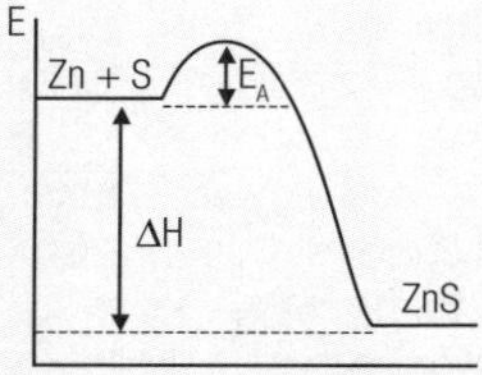

b) Eine derartige Reaktion bezeichnet man hinsichtlich der Energiebeteiligung als exotherme Reaktion.
c) Durch das Erhitzen mit dem Bunsenbrenner wird die Aktivierungsenergie zugeführt.
d) Die Begriffe werden wie folgt zugeordnet: Zink und Schwefel bilden ein metastabiles System. Am höchsten Punkt der Kurve liegt ein instabiler Zustand vor. Das Produkt Zinksulfid bildet ein stabiles System.

6. ΔH_R hat bei einer exothermen Reaktion ein negatives Vorzeichen, weil hier das Anfangssystem (die Edukte) während der Reaktion Energie an die Umgebung verliert und somit energieärmer wird. Bei einer endothermen Reaktion nimmt das System Energie aus der Umgebung auf und wird damit energiereicher. ΔH_R bekommt somit ein positives Vorzeichen.

7. a) Platinblech und Braunstein wirken hier als Katalysator. **b)** Bei Platin wird das Edukt an der Oberfläche fixiert und somit die Trennung der Bindungen erleichtert. Mangandioxid bildet mit dem Wasserstoffperoxid eine Zwischenverbindung. Die notwendige Aktivierungsenergie ist dabei sehr niedrig. Diese Verbindung zerfällt, ebenfalls mit einer sehr niedrigen Aktivierungsenergie. Dabei entstehen die Produkte und das Mangandioxid wird zurückgebildet. Mangandioxid hat also nur scheinbar an der Reaktion nicht teilgenommen.

8. a) $MnO_2 + 4HCl \rightarrow MnCl_2 + Cl_2 + 2H_2O$ **b)** $Fe_2O_3 + 3CO \rightarrow 2Fe + 3CO_2$ **c)** $4FeS_2 + 11O_2 \rightarrow 2Fe_2O_3 + 8SO_2$ **d)** $3V_2O_5 + 10Al \rightarrow 5Al_2O_3 + 6V$

Stöchiometrie

1. Die relative Atommasse ist eine Verhältniszahl, die angibt, wievielmal schwerer ein Atom ist als ein festgesetzter Standard (1/12 der Masse des Kohlenstoffisotops ^{12}C). Die Einheit ist u (= unit).

2. a) Schwefelsäure (H_2SO_4): $2 \cdot 1 + 32 + 4 \cdot 16 = 98$ u **b)** Kaliumpermanganat ($KMnO_4$): $39 + 55 + 4 \cdot 16 = 158$ u **c)** Tetraphosphordekaoxid (P_4O_{10}): $4 \cdot 31 + 10 \cdot 16 = 284$ u **d)** Traubenzucker ($C_6H_{12}O_6$): $6 \cdot 12 + 12 \cdot 1 + 6 \cdot 16 = 180$ u

3. Von den allermeisten Elementen existieren in der Natur mehrere Isotope. Die experimentell bestimmte relative Atommasse ist daher die durchschnittliche Masse eines Atoms im natürlichen Isotopengemisch.

4. Die molare Masse ist die Masse (in Gramm), die N_A-Teilchen eines Stoffes haben. Da gilt: $1u = 1/N_A$ g, ist der Zahlenwert der molaren Masse gleich dem der relativen Atom- bzw. Molekülmasse.

5. In der Stoffportion $m(H_2O) = 5$ g sind $\frac{N_A}{18} \cdot 5 = 1{,}673 \cdot 10^{23}$ Teilchen enthalten.

6. Die Masse eines Kupferatoms in Gramm beträgt: $\frac{63{,}5}{N_A} = 1{,}05 \cdot 10^{-22}$ g

7. $M(CO_2) = 44$ g/mol; Molvolumen V unter Normalbedingungen = 22,414 l/mol;

damit beträgt die Dichte: $\rho = \frac{44}{22{,}414} = 1{,}96$ g/l

8. Die Masse von 22,414 l Luft beträgt: $32 \cdot \frac{1}{5} + 28 \cdot \frac{4}{5} = 28{,}8$ g

$M(SO_2) = 64$ g/mol. Damit haben 22,414 l SO_2 eine Masse von 64 g. Die Dichte von Schwefeldioxid ist also deutlich größer als die von Luft.

9. Umrechnen des Volumens mit der Formel: $\frac{P_0 \cdot V_0}{T_0} = \frac{P_1 \cdot V_1}{T_1}$

$V_0 = \frac{P_1 \cdot V_1 \cdot P_0}{T_1 \cdot P_0} = 97{,}294$ ml; 22 414 ml = 1 mol; $\frac{97{,}294}{22\,414} = 4{,}34 \cdot 10^{-3}$ mol = 4,34 mmol;

370 mg = 4,34 mmol; $\frac{370}{4{,}34}$ mg = 1 mmol = 85,25 mg; 85,25 g = 1 mol

→ M(X) = 85,25 g/mol

10. a) $AlCl_3$ **b)** Mg_3P_2 **c)** SO_3 **d)** N_2O **e)** NH_3

11. 201,7 ml Wasserstoff = $\frac{201{,}7}{22\,414} = 8{,}99 \cdot 10^{-3}$ mol; 162 mg Al = $\frac{162}{2698}$ =

$6{,}00 \cdot 10^{-3}$ mol ⇒ 1 mol Al liefert 1,5 mol Wasserstoff oder 3 mol Wasserstoffatome. Ein Aluminiumatom ersetzt drei Atome Wasserstoff und ist daher dreiwertig.

12. Volumen des Ballons: 4/3 r^3 π; V = 4/3 · 35^3 cm^3 π = 177 798 ml. Dieses Volumen entspricht einem Volumen von V = 220 534 ml unter Normalbedingungen.

Zn	+	HCl	→	$ZnCl_2$	+	H_2
65,39 g						22,414 l
x g						220,354 l

$x = \frac{65{,}39}{22{,}414} \cdot 220{,}354 = 643{,}38$ g

Es sind 643,38 g Zink erforderlich, um den benötigten Wasserstoff herzustellen.

13. 1800 l Heizöl haben eine Masse von 1800 · 0,73 = 1314 kg.

$2C_{10}H_{22}$ + $31O_2$	→	$20CO_2$ + $22H_2O$		
2 · 142 g		20 · 44g	| : 2	
142 g		440 g		
142 kg		440 kg		
1314 kg		x kg		

$x = \frac{440}{142} \cdot 1314 = 4071{,}55$ kg

Die Atmosphäre wird mit 4071,55 kg Kohlenstoffdioxid belastet.

14. $4FeS_2 + 11O_2 \rightarrow 2Fe_2O_3 + 8SO_2$

4 · 119,84 g	8 · 64 g
119,84 g	128 g
119,84 kg	128 kg
1000 kg	x kg

$$x = \frac{119,84}{128} \cdot 1000 = 936,25\ kg$$

Beim Rösten von einer Tonne Pyrit entstehen 936,25 kg Schwefeldioxidgas.

15. $2KMnO_4 + 16HCl \rightarrow 2KCl + 2MnCl_2 + 5Cl_2 + 8H_2O$

2 · 157,9 g	5 · 22,414 l
315,8 g	112,07 l
x g	2 l

$$x = \frac{315,8}{112,07} \cdot 2 = 5,636\ g$$

Zum Herstellen von zwei Liter Chlorgas sind 5,636 g Kaliumpermanganat notwendig.

16. $3V_2O_5 + 10Al \rightarrow 6V + 5Al_2O_3$

3 · 181,88 g	10 · 26,98 g
545,64 g	269,8 g
50 g	x

$$x = \frac{269,8}{545,64} \cdot 50 = 24,72\ g$$

Zur Reduktion von 50 g Divanadiumpentoxid sind 24,72 g Aluminiumpulver notwendig.

Die chemische Bindung

1. a) Ionenbindung **b)** unpolare Atombindung **c)** Metallbindung

2. a) Bei einer Metallbindung geben alle Metallatome ihre Valenzelektronen ab. Die zurückbleibenden positiv geladenen Atomrümpfe bilden ein Gitter. Zwischen den Atomrümpfen bewegen sich die Elektronen. **b)** Bei einer Atombindung nähern sich zwei Atome auf einen Abstand, der kleiner ist als die Summe der beiden Atomradien. Damit durchdringen sich die Elektronenhüllen. Einzelne Elektronen beider Bindungspartner bilden gemeinsame Elektronenpaare. Auf diese Weise erreicht jedes Atom in der Valenzschale ein Elektronenoktett. **c)** Bei der Ionenbindung kommt es zu einem vollständigen Elektronenübergang. Das Metall gibt Valenzelektronen ab und dadurch wird die darunterliegende, mit acht Elektronen besetzte Schale zur neuen Valenzschale. Aus dem Metallatom ist so ein positiv geladenes Ion geworden. Das Nichtmetall nimmt Elektronen in seine Valenzschale auf, um ein Elektronenoktett zu erreichen. Es wird so zum negativ geladenen Ion. Positive und negative Ionen ziehen sich gegenseitig an und es entsteht ein Ionengitter.

3. Beim Stickstoff sind die beiden Atome mit einer Dreifachbindung verbunden, jedes Atom hat noch ein freies Elektronenpaar. Beim Phosphor sitzen die Atome an den

Ecken eines Tetraeders. Jedes Phosphoratom ist so mit drei Nachbaratomen verbunden und hat noch ein freies Elektronenpaar.

4. a) Ionengitter, in dem Ca^{2+}- und Cl^{-}-Ionen im Zahlenverhältnis 1 : 2 vorkommen. **b)** Ein Molekül Ammoniak, das aus einem Atom Stickstoff und drei Atomen Wasserstoff besteht. **c)** Ein Molekül Schwefeldioxid aus einem Atom Schwefel und zwei Atomen Sauerstoff. **d)** Ionengitter, in dem Na^{+}- und F^{-}-Ionen im Zahlenverhältnis 1 : 1 vorkommen. Begründung: In $CaCl_2$ und NaF liegt eine Ionenbindung vor, in SO_2 und NH_3 findet man kovalente Bindungen.

5. a) In der Formel der Salpetersäure darf man keine zwei Doppelbindungen zwischen Stickstoff und Sauerstoff zeichnen, da sonst das Stickstoffatom zehn Elektronen in der Valenzschale hätte, was nicht möglich ist. **b)** Man muss zwei Grenzformen zeichnen, in denen das Stickstoffatom jeweils eine Doppelbindung und zwei Einfachbindungen mit den drei Sauerstoffatomen eingeht. Der Stickstoff bekommt dabei eine positive Ladung, der Sauerstoff, der nicht mit Wasserstoff verbunden ist, eine negative Ladung. **c)** Mesomerie

6. a) unpolar **b)** polar (δ^+ am Wasserstoff, δ^- am Fluor) **c)** polar (δ^+ am Kohlenstoff, δ^- am Chlor) **d)** unpolar

7. a) Das Molekül ist linear gebaut. **b)** Kohlenstoff in der Mitte, nach beiden Seiten ein doppelt gebundener Sauerstoff, der jeweils noch zwei freie Elektronenpaare trägt.

8. Entscheidend ist der Unterschied in der Elektronegativität der Bindungspartner. Zwischen Wasserstoff und Chlor ist er geringer als zwischen Natrium und Chlor.

9. a) Zwischen den Atomrümpfen befinden sich frei bewegliche Elektronen, die Ladung transportieren können. **b)** Mit steigender Temperatur schwingen die Atomrümpfe immer heftiger um ihre Ruhelage und behindern so die Elektronen. **c)** Die einzelnen Schichten des Gitter können gegeneinander verschoben werden.

10. Mit dem Elektronengasmodell kann man Halbleitereigenschaften nicht befriedigend erklären.

11. a) 3) < 1) < 2) **b)** In Molekülen mit ausgedehnter Elektronenhülle kommt es vor, dass für einen Moment der größte Teil der Ladung auf einer Seite ist. Dadurch entsteht kurzfristig ein Dipol (momentaner Dipol). Dieser wirkt sofort auf benachbarte Moleküle und erzeugt dort ebenfalls Dipole (induzierte Dipole). Die Anziehungskräfte zwischen momentanen und induzierten Dipolen sind die Van-der-Waals-Kräfte.

12. Da alle Moleküle etwa die gleiche Masse haben, ist der Siedepunkt abhängig von der Größe der zwischenmolekularen Kräfte. Methan: –161 °C (Van-der-Waals-Kräfte), Fluorwasserstoff: +19 °C (permanente Dipole, z. T. auch Wasserstoffbrücken), Wasser: +100 °C (Wasserstoffbrücken)

13. a) Das Wassermolekül ist ein Dipol. Hält man einen statisch aufgeladenen Stab neben den Strahl, werden die Dipolmoleküle angezogen. Der Strahl wird ausgelenkt. Das Tetrachlormethanmolekül ist vollkommen unpolar, daher zeigt es keine Wechselwirkung. **b)** Das Molekül des Tetrachlormethans muss tetraederförmig mit dem Kohlenstoffatom im Zentrum und den Chloratomen an den Eckpunkten sein. So heben sich die Dipolmomente der Kohlenstoff-Chlor-Bindungen genau auf und das Molekül ist vollkommen unpolar. Das Wassermolekül ist gewinkelt. Dadurch addieren sich die Dipolmomente der beiden Wasserstoff-Sauerstoff-Bindungen zu einem Gesamtmoment, das Wasserstoffmolekül ist polar.

Wichtige Reaktionen

1. Nach Arrhenius sind Säuren Stoffe, die Protonen abgeben können; Basen sind Stoffe, die OH^--Ionen bilden können.
2. a) Säure **b)** keines von beiden **c)** keines von beiden **d)** Base **e)** Base **f)** Säure **g)** keines von beiden
3. a) gelb **b)** grün **c)** grün **d)** blau **e)** blau **f)** gelb **g)** grün
4. a) SO_3 **b)** H_2O **c)** $6H_2O$ **d)** $Ca(OH)_2$
5. Wasser fungiert in diesem Fall als Base und nimmt das Proton des Chlorwasserstoffs auf. Dabei entstehen H_3O^+- und Cl^--Ionen, die für die Leitfähigkeit verantwortlich sind. Tetrachlormethan kann kein Proton aufnehmen und deshalb kann Chlorwasserstoff auch keines abgeben. Es werden also keine Ionen gebildet und daher gibt es auch keine Leitfähigkeit.
6. a) $HBr + H_2O \rightarrow H_3O^+ + Br^-$; $NH_3 + H_2O \rightarrow NH_4^+ + OH^-$ **b)** Ein Ampholyt ist ein Stoff, der je nach Reaktionspartner sowohl Säure als auch Base sein kann.
7. Ein korrespondierendes Säure-Base-Paar besteht aus einer Säure und der durch Protonenabgabe daraus entstandenen Base.
8. a) F^- **b)** O^{2-} **c)** SO_4^{2-} **d)** PO_4^{3-} **e)** HNO_3 **f)** NH_4^+ **g)** H_2O **h)** HS^- **i)** H_2O **j)** CO_3^{2-}
9. Damit eine Verbindung als Säure wirken kann, muss ein Protonenakzeptor vorhanden sein. In reiner Schwefelsäure bzw. in reiner Salpetersäure ist dies jedoch nicht der Fall.
10. Unter Neutralisation versteht man die Reaktion einer Säure mit einer Base. In wässrigen Lösungen ist dies stets die Reaktion $H_3O^+ + OH^- \rightarrow 2H_2O$. Der Rest der Säure und der Rest der Base bilden ein Salz.
11. a) $2NaOH + H_2SO_4 \rightarrow Na_2SO_4 + 2H_2O$ **b)** $Ca(OH)_2 + 2HNO_3 \rightarrow Ca(NO_3)_2 + 2H_2O$ **c)** $Mg(OH)_2 + 2HCl \rightarrow MgCl_2 + 2H_2O$ **d)** $Ba(OH)_2 + H_2CO_3 \rightarrow BaCO_3 + 2H_2O$ **e)** $H_3PO_4 + 3KOH \rightarrow K_3PO_4 + 3H_2O$
12. a) $n(HCl) = c(HCl) \cdot V_{HCl} = 0{,}1\ mol/l \cdot 12{,}5 \cdot 10^{-3}\ l = 1{,}25 \cdot 10^{-3}\ mol$; $HCl + NaOH \rightarrow NaCl + H_2O$. Am Äquivalenzpunkt gilt: $n(HCl) = n(NaOH)$; $n(NaOH) = 1{,}25 \cdot 10^{-3}\ mol$; $m(NaOH) = n(NaOH) \cdot M(NaOH) = 1{,}25 \cdot 10^{-3}\ mol \cdot 40\ g/mol = 50 \cdot 10^{-3}\ g = 50\ mg$; Stoffportion in der gesamten Probe: $50\ mg \cdot 8 = 400\ mg$ **b)** $n(KOH) = c(KOH) \cdot V_{KOH} = 0{,}1\ mol/l \cdot 7{,}5 \cdot 10^{-3}\ l = 0{,}75 \cdot 10^{-3}\ mol$; $HCl + KOH \rightarrow KCl + H_2O$. Am Äquivalenzpunktgilt: $n(KOH) = n(HCl)$; $n(HCl) = 0{,}75 \cdot 10^{-3}\ mol$; $c(HCl) = \frac{n(HCl)}{V_{HCl}} = \frac{0{,}75 \cdot 10^{-3}}{20 \cdot 10^{-3}} = 0{,}04\ mol/l$. **c)** Die 5 ml Natronlauge mit $c(NaOH) = 0{,}1\ mol/l$ verbrauchen zur Neutralisation genau 5 ml Salzsäure mit $c(HCl) = 0{,}1\ mol/l$.

Das heißt, die Probe benötigt zur Neutralisation genau 23,75 – 5 = 18,75 ml Salzsäure. Berechnung dann wie unter a).

13. a) Reduktion, da OZ kleiner wird. **b)** Reduktion, da OZ kleiner wird. **c)** Oxidation, da OZ größer wird. **d)** Weder noch, da OZ gleich bleibt. **e)** Oxidation, da OZ größer wird. **f)** Weder noch, da OZ gleich bleibt.

Das chemische Gleichgewicht

1. Beim chemischen Gleichgewicht handelt es sich um ein dynamisches Gleichgewicht. Hier laufen in einem abgeschlossenen System Hin- und Rückreaktion ständig ab. Bei einem statischen Gleichgewicht liegt kein Stoffaustausch zwischen beiden Seiten vor. Ein dynamisches Gleichgewicht stellt ein geschlossenes System dar, in dem ein ständiger Stoffaustausch herrscht. Bei einem Fließgleichgewicht handelt es sich um ein offenes System. Es werden ständig Stoffe aus der Umgebung zugeführt und an sie abgegeben.

2. a) $Zn + 2HCl \rightarrow ZnCl_2 + H_2$ **b)** Der Zinkgrieß wird am schnellsten reagieren, danach kommen die Zinkspäne und schließlich die Zinkstangen. Die Reaktion läuft umso schneller ab, je größer die Oberfläche ist.

3. a) Eine Verdopplung der Reaktionsgeschwindigkeit bedeutet eine Halbierung der Reaktionszeit. Eine Reaktion, die bei 20 °C in 15 s abläuft, benötigt demnach bei 100 °C $15 \cdot (1/2)^8$ s. Das sind etwa 0,06 s. **b)** Eine Reaktion, die bei 200 °C in 10 s abläuft, benötigt bei 0 °C dann $10 \cdot 2^{20}$ s, das sind etwa $1 \cdot 10^7$ s.

4. Bei einer bestimmten Temperatur haben die meisten Teilchen eine mittlere Energie, einige haben eine geringere und einige eine höhere Energie (Gauß'sche Verteilung). Damit es zu einer Reaktion kommen kann, müssen die Teilchen eine bestimmte Mindestenergie haben. Der Katalysator setzt diese Energie herab. Damit haben mehr Teilchen die notwendige Energie und die Reaktion verläuft schneller.

5. a) Erhitzen bedeutet Energiezufuhr, daher läuft bevorzugt die energieverbrauchende Rückreaktion ab. Die Konzentration von SO_3 wird kleiner, die von SO_2 und Sauerstoff wird größer. **b)** Beim Abkühlen läuft bevorzugt die energieliefernde Hinreaktion ab. Damit steigt die Konzentration von HI und die von H_2 und I_2 sinkt. **c)** Bei der Zugabe von Wasser wird die Teilchenzahl (Fe^{3+}- und SCN^--Ionen) pro Volumeneinheit verringert, daher läuft bevorzugt die Reaktion ab, bei der die Teichenzahl größer wird. Gibt man NH_4SCN oder $FeCl_3$ hinzu, erhöht man die Teilchenzahl, also läuft bevorzugt die Reaktion ab, bei der die Teilchenzahl verringert wird. Die Zugabe von NaCl bewirkt keine Veränderung, da weder Na^+- noch Cl^--Ionen an dem Gleichgewicht beteiligt sind. **d)** Beim Erhitzen läuft bevorzugt die endotherme Rückreaktion ab. Bei einer Druckerhöhung läuft bevorzugt die Reaktion ab, die zu einer Verringerung des Volumens führt.

6. a) 1) $K = \frac{c^2(CO)}{c(CO_2) \cdot c(C)}$; 2) $K = \frac{c^2(NH_3)}{c(N_2) \cdot c^3(H_2)}$ **b)** Ist die Gleichgewichtskonstante > 1, so überwiegen in dem Gleichgewicht die Produkte.

7. Berechnung der Volumina unter Normalbedingungen:

$V_0(HI) = \frac{P_1 \cdot V_1 \cdot T_0}{T_1 \cdot P_0}$; $V_0 = 2{,}93$ l; $V_0(H_2) = V_0(I_2) = 0{,}02$ l

Berechnung von n(HI), $n(I_2)$ und $n(H_2)$:

$n(HI) = \frac{2{,}93}{22{,}414} = 0{,}13$ mol; $n(H_2)$ und $n(I_2) = 0{,}02$ mol

Berechnung der Konzentrationen: $c(HI) = \frac{n(HI)}{V} = 0{,}03$ mol/l; $c(H_2)$ und $c(I_2) = 0{,}004$ mol/l

Das MWG lautet: $K = \frac{c^2(HI)}{c(H_2) \cdot c(I_2)} = \frac{(0{,}03)^2}{(0{,}004)^2} = 56{,}25$

8. a) Entfernen des Wassers oder Erhöhung der Konzentration des Alkohols **b)** c(Ester) = $c(H_2O) = x$; $c(EtOH) = c_0(EtOH) - x = 0{,}1 - x$; $c(HAc) = c_0(HAc) - x = 0{,}2 - x$

$K = \frac{x^2}{(1 - x)\,(2 - x)} \cdot 25\,(x^2 - 0{,}3x + 0{,}02) = x^2$; $24x^2 - 7{,}5x + 0{,}5 = 0$

Lösungen für diese quadratische Gleichung sind $x_1 = 0{,}216$ und $x_2 = 0{,}09$. Davon ist nur x_2 eine sinnvolle Lösung, da sich bei x_1 für die Konzentrationen von HAc und EtOH negative Werte ergeben würden.

9. a) $c(Ba^{2+}) \cdot c(SO_4^{2-}) = 1 \cdot 10^{-10}$; $c(Ba^{2+}) = c(BaSO_4) = 1 \cdot 10^{-5} \frac{mol}{l}$; $m(BaSO_4) = c(BaSO_4) \cdot V \cdot M(BaSO_4) = 0{,}012$ g = 12 mg **b)** $c(Ba^{2+}) \cdot c(SO_4^{2-}) = 1 \cdot 10^{-10}$; $c(Ba^{2+}) = \frac{1 \cdot 10^{-10}}{0{,}1} = 1 \cdot 10^{-9}$ mol, in 500 ml = $0{,}5 \cdot 10^{-9}$ mol **c)** 0,2 mol/l

10. a) $K_S = \frac{c(H_3O^+) \cdot c(Cl^-)}{c(HCl)}$; $pK_S = -\log K_S$ **b)** $K_B = \frac{c(OH^-) \cdot (HCl)}{c(Cl^-)}$

c) $K_B \cdot K_S = c(H_3O^+) \cdot c(OH^-)$; $pK_S + pK_B = 14$

11. Ein Protonenübergang ist nur möglich von einem System mit kleinerem pK_S-Wert zu einem mit größerem pK_S-Wert. Damit können zwar Protonen vom Schwefelwasserstoff zum Ammoniak fließen, ein Übergang vom Hydrogensulfidion zum Ammoniak ist jedoch nicht möglich. Damit entsteht beim Einleiten von Schwefelwasserstoff in eine Ammoniaklösung nur Ammoniumhydrogensulfid.

12. 2) Schwefelwasserstoff, 3) Kohlensäure, 6) Essigsäure, 4) Fluorwasserstoffsäure, 1) Phosphorsäure, 5) Salpetersäure

13. Der pKS-Wert gibt den Protonendruck eines Systems an und ist unanhängig von der Konzentration. Der pH-Wert gibt die Konzentration der H_3O^+-Ionen an.

14. $c(OH^-) = 0{,}1 \cdot 0{,}13 = 0{,}013$; $pOH = -\lg c(OH^-) = -\lg 0{,}013$

$pOH = 1{,}87$; $pH + pOH = 14$; $pH = 14 - pOH$; $pH = 14 - 1{,}87 = 12{,}13$

15. $c(H_3O^+) = 0{,}1$ mol; $pH = -\lg c(H_3O^+) = 1$

16. $K_S = \frac{c(H_3O^+) \cdot c(Ac^-)}{c(HAc)}$; $K_S = c(H_3O^+) \cdot \frac{c(Ac^-)}{c(HAc)}$; für $c(Ac^-) = c(HAc)$ gilt:

$K_S = c(H_3O^+)$ oder $pK_S = pH$

17. a) $M(Na_2CO_3) = 106$ g/mol; $M(NaHCO_3) = 84{,}0$ g/mol; 5,3 g $Na_2CO_3 = 0{,}05$ mol; 8,4 g $NaHCO_3 = 0{,}1$ mol

$c(Na_2CO_3) = \frac{0{,}05}{0{,}5}$ mol/l; $c(NaHCO_3) = \frac{0{,}1}{0{,}5}$ mol/l; $K_S = c(H_3O^+) \cdot \frac{c(CO_3^{2-})}{c(HCO_3^-)}$;

$K_S = c(H_3O^+) \cdot \frac{0{,}025}{0{,}05}$; 10,25 = pH + lg 1/2 pH = 10,55 **b)** Zugabe einer Säure:

$CO_3^{2-} + H_3O^+ \rightarrow HCO_3^- + H_2O$; Zugabe einer Base: $HCO_3^- + OH^- \rightarrow CO_3^{2-} + H_2O$

c) Der pH-Wert wird sich nicht ändern, denn entscheidend ist das Verhältnis der beiden Stoffe und dies bleibt gleich.

18. Aus NaCl und HCl kann man kein Puffersystem herstellen, da die Salzsäure als starke Säure praktisch vollständig dissoziiert ist.

19. Reines Wasser: $c(OH^-) = 0{,}2$ mol/l; pOH = –lg 0,2; pOH = 0,7; pH = 14 – pOH = 13,3. ΔpH = 6,3; Pufferlösung: Stoffmenge von HAc nach Zugabe des Natriumhydroxids: 0,08 mol; Stoffmenge von Ac^- nach Zugabe des Natriumhydroxids: 0,12 mol. Daraus ergibt sich:

$pK_S = pH + (-\lg \frac{1{,}2}{0{,}8})$; pH = 4,92; ΔpH = 0,17

20. a) Dafür sind H_3O^+-Ionen und OH^--Ionen verantwortlich. **b)** Diesen Prozess nennt man Autoprotolyse des Wassers.

21. a) Die Lösung wird rot sein. **b)** Bromthymolblau ergibt in reinem Wasser eine grüne Farbe. **c)** Lackmus ist in verdünnter Salzsäure rot.

22. a) pH = 4: rotorange; pH = 7: grün; pH = 12: violett **b)** Indikatoren versagen, wenn die Lösung eine starke Eigenfarbe hat oder stark bleichend wirkt.

Elektrochemie

1. Ein Halbelement ist eine Anordnung, bei der ein Metall in eine dazugehörige Metallsalzlösung taucht.

2. a) Die Spannung des galvanischen Elements hängt ab von den Konzentrationen der Salzlösungen. **b)** Die Stromstärke hängt ab von der Fläche der beiden Metallelektroden. **c)** Kupfer-Halbelement: $Cu^{2+} + 2e^- \rightarrow Cu$; Zink-Halbelement: $Zn \rightarrow Zn^{2+} + 2e^-$. Dies könnte man durch Wiegen der Elektroden zeigen: Die Kupferelektrode hat nach einiger Zeit an Masse zugenommen, die Zinkelektrode hat an Masse abgenommen.

3. a) Eine Wasserstoff-Normalelektrode besteht aus einem platinierten Platinblech, das in eine Schwefelsäure mit der Aktivität von Oxoniumionen $a(H_3O^+) = 1$ mol/l eintaucht und von Wasserstoffgas mit einem Druck von 1013 hPa umspült wird. **b)** Der Wasserstoff-Normalelektrode wurde das Potenzial 0,0 V zugeordnet. Damit hat man in der Spannungsreihe einen Bezugspunkt geschaffen. **c)** $2H_3O^+ + 2e^- \rightleftharpoons H_2 + 2H_2O$

4. a) Das jeweils unedlere Metall scheidet das edlere Metall aus der Lösung seines Salzes ab. $Zn + Cu^{2+} \rightarrow Cu + Zn^{2+}$; $Zn + 2Ag^+ \rightarrow 2Ag + Zn^{2+}$; $Cu + 2Ag^+ \rightarrow 2Ag + Cu^{2+}$ **b)** Zink, Kupfer und Silber würden aus einer Goldsalzlösung Gold abscheiden.

5. a) $\varepsilon = \varepsilon_0 + \frac{0{,}059}{n} \lg c(Me^{n+})$

Die Nernst'sche Gleichung lautet eigentlich: $\varepsilon = \varepsilon_0 + \frac{R \cdot T}{n \cdot F} \ln c(Me^{n+})$

R ist dabei die allgemeine Gaskonstante, T die Temperatur in Kelvin, F die Faraday-Konstante und n die Anzahl der ausgetauschten Elektronen. Legt man die Temperatur auf 25 °C fest, kann man R, T und F sowie den Umrechnungsfaktor vom natürlichen zum Zehner-Logarithmus zu einer Zahl zusammenfassen (0,059).

b) 1) $\varepsilon = -1{,}18 + \frac{0{,}059}{2} \lg 0{,}5 = -1{,}19\ V$

2) $\varepsilon = 0{,}35 + \frac{0{,}059}{2} \lg 0{,}1 = +\ 0{,}32\ V$ **c)** Die Spannung, die dieses Element liefert, beträgt 1,51 V. Kupfer ist der Plus- und Mangan der Minuspol.

6. a) Chlor hat ein positiveres Redoxpotenzial als Brom und dieses ein positiveres als Jod. Damit können Elektronen vom Jodid und Elektronen vom Bromid zum Chlor fließen. Zum Brom können nur Elektronen vom Jodid fließen. **b)** Unedle Metalle haben negative Redoxpotenziale. Damit können Elektronen zu den H_3O^+-Ionen fließen und Wasserstoff freisetzen.

7. a) Kathode: $Pb^{2+} + 2e^- \rightarrow Pb$; Anode: $Pb^{2+} + 6H_2O \rightarrow PbO_2 + 4H_3O^+ + 2e^-$ **b)** Beim Laden des Akkus wird Schwefelsäure freigesetzt. Man könnte den Ladezustand durch Messen der Dichte der Säure feststellen.

8. Kathode: $4OH^- + 2H_2 \rightarrow 4H_2O + 4e^-$; Anode: $O_2 + 2H_2O + 4e^- \rightarrow 4OH^-$; gesamt: $O_2 + 2H_2 \rightarrow 2H_2O$

9. Eine Kupferdachrinne darf nicht mit verzinkten Nägeln befestigt werden, weil dabei bei Nässe zwischen Kupfer und Zink ein Lokalelement entsteht, das zur verstärkten Korrosion führt.

10. Verzinken ist der bessere Korrosionsschutz. Kommt ein Kratzer in die Beschichtung, so entsteht beim Zinn ein Lokalelement, in dem Eisen der negative Pol ist und sich daher auflöst ($Fe \rightarrow Fe^{2+} + 2e^-$). Bei verzinktem Eisen ist in einem solchen Lokalelement Zink der negative Pol. Das Eisen bleibt vor Korrosion geschützt.

11. a) Ein Leclanché-Element besteht aus einem Zinkbecher, in den ein mit Braunstein umhüllter Kohlestab steht. Als Elektrolyt ist eine Ammoniumchloridlösung enthalten. **b)** Kathode: $Zn \rightarrow Zn^{2+} + 2e^-$; Anode: $2MnO_2 + 2H_3O^+ + 2e^- \rightarrow Mn_2O_3 + 3H_2O$ **c)** Die Oxoniumionen stammen aus dem Ammoniumchlorid: $NH_4^+ + H_2O \rightleftharpoons NH_3 + H_3O^+$ **d)** Ein Anstieg der Konzentration der Zinkionen wird durch Komplexbildung mit Ammoniak verhindert: $Zn^{2+} + 2NH_3 \rightarrow [Zn(NH3)2]^{2+}$ **e)** Durch das Entfernen des Ammoniaks aus dem Protolysegleichgewicht wird die Entstehung der Oxoniumionen begünstigt. **f)** Ein Leclanché-Element kann auslaufen, weil die Kathode, die sich bei der Stromentnahme auflöst, gleichzeitig der Behälter für den Elektrolyt ist.

Die Elemente

1. a) Ursprünglich war das Ordnungskriterium die Atommasse. Die Elemente wurden nach steigender Masse angeordnet. Kam man dabei zu einem Element, das dem am Anfang der Zeile stehenden Element in seinen chemischen Eigenschaften ähnlich war, wurde die Zeile abgebrochen und eine neue Zeile begonnen. **b)** Alle Elemente in einer Hauptgruppe haben die gleiche Anzahl von Valenzelektronen, bei allen Elementen einer Periode ist die gleiche Schale Valenzschale. **c)** Metalle findet man im Periodensystem links unterhalb einer Diagonalen vom Element Bor zum Element Astat. Nichtmetalle stehen rechts oberhalb dieser Diagonalen. **d)** Ab der dritten Schale haben nach der allgemeinen Formel für die maximale Besetzung einer Schale ($2n^2$; n ist die Schalennummer) mehr als acht Elektronen Platz. Diese werden bei den Nebengruppenelementen, den Lanthanoiden und den Actinoiden, aufgefüllt.

2. a) 1. Durch Reaktion einer Säure mit einem unedlen Metall: $Zn + 2HCl \rightarrow H_2 + ZnCl_2$. 2. Durch Reduktion von Wasser mit Kohlenstoff: $H_2O + C \rightarrow H_2 + CO$; dazu ist eine Temperatur von $T > 700\ °C$ notwendig. 3. Durch Cracken von Erdölfraktionen. **b)** Vom Wasserstoff existieren drei Isotope: ^1H (Wasserstoff), ^2H (Deuterium oder schwerer Wasserstoff) und ^3H (Tritium oder überschwerer Wasserstoff). Das Besondere ist, dass alle drei Isotope eigene Namen haben.

3. a) Natrium wird durch Schmelzelektrolyse von Natriumhydroxid gewonnen. $Na^+ + e^- \rightarrow Na$ **b)** Ammoniakgas und Kohlenstoffdioxidgas werden in eine gesättigte Kochsalzlösung eingeleitet. Dabei fällt schwer lösliches Natriumhydrogencarbonat aus. Dieses wird in Drehrohröfen zu Natriumcarbonat umgesetzt. Das Ammoniakgas wird zurückgewonnen, indem man der Lösung Calciumoxid zusetzt.

$CaCO_3 \rightarrow CaO + CO_2$

$NaCl + NH_3 + CO_2 + H_2O \rightarrow NaHCO_3 + NH_4Cl$

$2NaHCO_3 \rightarrow Na_2CO_3 + CO_2 + H_2O$

$2NH_4Cl + CaO \rightarrow 2NH_3 + CaCl_2 + H_2O$

4. a) Kalkbrennen: $CaCO_3 \rightarrow CaO + CO_2$; Kalklöschen: $CaO + H_2O \rightarrow Ca(OH)_2$ **b)** Abbinden von Kalkmörtel: $Ca(OH)_2 + CO_2 \rightarrow CaCO_3 + H_2O$

5. Die temporäre Härte oder Carbonathärte beruht auf dem Gehalt von Calciumhydrogencarbonat, die permanente Härte oder Sulfathärte wird durch den Gehalt von Calciumsulfat bestimmt. Die Gesamthärte ist die Summe aus beiden.

6. Fließt kohlensäurehaltiges Wasser über Kalkstein, so kommt es zur chemischen Erosion. Das Calciumcarbonat reagiert mit der Kohlensäure zu wasserlöslichem Calciumhydrogencarbonat. $CaCO_3 + H_2CO_3 \rightarrow Ca(HCO_3)_2$. Beim Kochen von hartem Wasser zerfällt das Calciumhydrogencarbonat wieder zu Calciumcarbonat, das sich als Kesselstein absetzt, Kohlenstoffdioxid und Wasser.

$Ca(HCO_3)_2 \rightarrow CaCO_3 + CO_2 + H_2O$

7. a) $Al_2O_3 \rightarrow 2Al^{3+} + 3O^{2-}$; Kathode: $2Al^{3+} + 6e^- \rightarrow 2Al$; Anode: $3O^{2-} \rightarrow 6e^- + 3 <O>$; $3 <O> + 3C \rightarrow 3CO$ **b)** Aluminiumoxid hat einen sehr hohen Schmelzpunkt (2050 °C). Die Lösung von Aluminiumoxid in Kryolith schmilzt bereits bei etwa 950 °C **c)** M(Al) = 27 g/mol; 100 kg Al = 3703,7 mol. Zum Abscheiden von 1 mol Al sind 3 mol Elektronen notwendig. Somit sind insgesamt 11 111,11 mol Elektronen notwendig. 1 mol Elektronen entspricht einer Ladung von 96 485 C. Damit ist die erforderliche Ladungsmenge 1 072 054 484 C. $Q = I \cdot t$; $t = \frac{Q}{I} = 10\,720{,}54\ s = 2{,}97\ h$.
Um 100 kg Aluminium abzuscheiden, muss ein Strom mit I = 100 000 A 2,97 Stunden fließen.

8. Im Diamant bilden alle Kohlenstoffatome Zentren von Tetraedern und sind mit vier Nachbaratomen durch kovalente Bindungen verknüpft. Der Diamant ist damit sehr hart und ein Isolator, da alle Valenzelektronen für die Bildung von Bindungselektronenpaaren verbraucht werden. Im Grafit bilden Kohlenstoffatome Schichten aus regulären Sechsecken. Zwischen diesen Schichten befinden sich frei bewegliche Elektronen, die für die elektrische Leitfähigkeit und den metallischen Glanz verantwortlich sind. Die Schichten können gut aneinander vorbeigleiten. Dadurch ist Grafit sehr weich.

9. Siliziumdioxid bildet ein Gitter aus Silizium- und Sauerstoffatomen und ist daher ein Feststoff. Auch in der Kieselsäure lagern sich viele Moleküle unter Wasserabspaltung zusammen.

10. a) Im ersten Schritt wird in großen röhrenförmigen Öfen Luft über glühenden Koks geblasen. Der Sauerstoffanteil reagiert dabei zu Kohlenstoffmonoxid/Kohlenstoffdioxid. Da dieser Vorgang stark exotherm ist, steigt die Temperatur an (Heißblasen). $4N_2 + O_2 + C \rightarrow 4N_2 + CO_2$. Anschließend wird Wasserdampf über den weißglühenden Koks geblasen. Dabei kommt es zur Reduktion des Wassers. Da diese Reaktion endotherm ist, sinkt jetzt die Temperatur wieder (Kaltblasen). $2H_2O + C \xrightarrow{T > 700\ °C} 2H_2 + CO_2$ Durch abwechselndes Heiß- und Kaltblasen gewinnt man Wasserstoff und Stickstoff. Entstandenes Kohlenstoffmonoxid wird katalytisch zu Kohlenstoffdioxid oxidiert. Dieses kann leicht herausgewaschen werden. **b)** $N_2 + 3H_2 \rightleftharpoons 2NH_3$. Bei der Reaktion kommt es zu einer Verringerung des Volumens. Daher wird die Hinreaktion durch hohen Druck begünstigt. Die Hinreaktion ist exotherm und wird daher durch eine niedrige Temperatur begünstigt. Um trotzdem eine ausreichende Reaktionsgeschwindigkeit zu erreichen, verwendet man einen Katalysator. **c)** Die relativ geringe Ausbeute stört nicht, da das entstandene Ammoniak durch Kühlen leicht abgetrennt werden kann. Der Rest wird mit Frischgas ergänzt und erneut über den Katalysator geschickt.

11. a) Ammoniakgas wird zusammen mit Luft mit hoher Geschwindigkeit über ein feinmaschiges Netz aus Platindraht geleitet. Dabei reagiert Ammoniak zunächst mit dem Sauerstoff der Luft zu Stickstoffmonoxid, das sofort zu Stickstoffdioxid weiterreagiert. Das Stickstoffdioxid reagiert dann mit Wasser und Sauerstoff zu Salpetersäure. $4NH_3 + 5O_2 \rightarrow 4NO + 6H_2O$; $4NO + 2O_2 \rightarrow 4NO_2$; $4NO_2 + 2H_2O + O_2 \rightarrow 4HNO_3$ **b)** $2NaNO_3 + H_2SO_4 \rightarrow 2HNO_3 + Na_2SO_4$

12. a) Zur Synthese von Schwefelsäure wird Schwefeldioxid mithilfe eines Katalysators zu Schwefeltrioxid aufoxidiert. Da das entstehende Schwefeltrioxid in Wasser schlecht löslich ist, leitet man es in konzentrierte Schwefelsäure. Man erhält so eine rauchende Schwefelsäure, die bis zu 30 Gewichtsprozent Schwefeltrioxid gelöst enthält. Durch Verdünnen stellt man daraus wieder konzentrierte und verdünnte Schwefelsäure her. $2SO_2 + O_2 \rightarrow 2SO_3$; $SO_3 + H_2O \rightarrow H_2SO_4$ **b)** Verbrennen von elementarem Schwefel: $S + O_2 \rightarrow SO_2$; Rösten sulfidischer Erze: $4FeS_2 + 11O_2 \rightarrow 2Fe_2O_3 + 8SO_2$ **c)** Beim Verdünnen von Schwefelsäure wird das Wasser in Form von Schwefelsäure-Hydraten gebunden. Dadurch werden die Teilchen dichter gepackt und es kommt zu einer Verringerung des Volumens.

13. Ox.: $Cu \rightarrow Cu^{2+} + 2e^-$; Red.: $SO_4^{2-} + 2e^- + 4H_3O^+ \rightarrow SO_2 + 6H_2O$; Redox.: $Cu + SO_4^{2-} + 4H_3O^+ \rightarrow Cu^{2+} + SO_2 + 6H_2O$

14. a) Das Amalgamverfahren ist die Elektrolyse einer konzentrierten Natriumchloridlösung. Dabei dient Quecksilber als Kathode. Es bildet sich Natriumamalgam, das in einem getrennten Zersetzer mit Wasser zu Natronlauge, Wasserstoff und Quecksilber zerlegt wird. Das Quecksilber wird in die Elektrolysezelle zurückgeführt. Anode: $2Cl^- \rightarrow Cl_2 + 2e^-$; Kathode: $2Na^+ + 2e^- \rightarrow 2Na$; $Na + Hg \rightarrow$ Na-Amalgam; Zersetzer: Na-Amalgam $+ H_2O \rightarrow NaOH + H_2 + Hg$ **b)** Das Besondere ist, dass hier Na-Ionen entladen werden. Dies ist möglich durch die hohe Konzentration und Überspannung des Wasserstoffs an einer Quecksilberelektrode. **c)** Ein Vorteil ist, dass man eine sehr reine chloridfreie Natronlauge erhält. Ein Nachteil ist, dass es immer zu Verlusten von Quecksilber kommt, das die Umwelt belastet. Daher ist dieses Verfahren in Deutschland seit einiger Zeit nicht mehr genehmigungsfähig. **d)** Das Diaphragmaverfahren. Vorteil: Keine Umweltbelastung durch Schwermetalle. Nachteil: Natronlauge ist nicht völlig chloridfrei.

15. a) Chlor disproportioniert mit Wasser zu Chlorwasserstoff und hypochloriger Säure. Diese ist unbeständig und zerfällt unter Bildung von atomarem Sauerstoff, der die eigentliche bleichende Wirkung hat. $Cl_2 + H_2O \rightarrow HCl + HOCl$; $HOCl \rightarrow HCl + \langle O \rangle$ **b)** Die Chlorbleiche belastet das Abwasser erheblich und flüchtige Chlorverbindungen schädigen die Ozonschicht. Alternativen sind z. B. Wasserstoffperoxid oder Perborate.

16. Reaktion von Kochsalz mit konzentrierter Schwefelsäure: $NaCl + H_2SO_4 \rightarrow NaHSO_4 + HCl$; $NaHSO_4 + NaCl \rightarrow Na_2SO_4 + HCl$

17. Chlorwasserstoff reagiert mit dem Wasser zu H_3O^+- und Cl^--Ionen. Dadurch zeigt er eine enorme Löslichkeit. Dringt durch das Glasrohr der beschriebenen Apparatur der erste Wassertropfen in den Rundkolben, löst sich darin der gesamte Chlorwasserstoff und es entsteht ein starker Unterdruck. Der äußere Luftdruck drückt das Wasser mit großer Kraft in den Kolben. Da dabei eine Säure entsteht, färbt sich das zugesetzte Methylorange rot. $HCl + H_2O \rightarrow H_3O^+ + Cl^-$

18. a) $2CuO + C \rightarrow 2Cu + CO_2$ **b)** An der Anode rieseln die edleren Beimengungen (Silber, Gold) zu Boden und bilden einen Anodenschlamm. Die unedleren Beimengungen (Cadmium, Zink) bleiben in Lösung. Durch die Gewinnung der Edelmetalle aus dem Anodenschlamm ist das Verfahren wirtschaftlich.

19. a) Direkte Reduktion: $2Fe_2O_3 + 3C \rightarrow 4Fe + 3CO_2$; indirekte Reduktion: $Fe_2O_3 + 3CO \rightarrow 2Fe + 3CO_2$ **b)** Das Kohlenstoffmonoxid entsteht entweder durch Reaktion von Kohlenstoff mit Sauerstoff oder durch Reaktion von Kohlenstoff mit Kohlenstoffdioxid.

20. a) Am blanken Eisen geben Eisenatome zwei Elektronen ab und gehen als Fe^{2+}-Ionen in Lösung. Diese bilden mit dem Hexacyanoferrat (III) Berliner Blau. Die Elektronen fließen zum Kupfer und reduzieren dort Sauerstoffatome. Dabei entstehen OH^--Ionen, die mit dem Phenolphthalein eine Rotfärbung ergeben. **b)** $Fe \rightarrow Fe^{2+} + 2e^-$; $Fe^{2+} + [Fe(CN)_6]^{3-} \rightarrow$ Berliner Blau; $O_2 + 4e^- + 2H_2O \rightarrow 4OH^-$ **c)** Durch die Ionen, die aus dem Kochsalz entstehen, ist der Ladungsausgleich schneller und über größere Strecken möglich.

21. a) Rost ist ein Gemisch von Eisenoxiden und Oxidhydraten. **b)** Eisenatome reagieren zu Fe^{2+}-Ionen: $Fe \rightarrow Fe^{2+} + 2e^-$. Diese Elektronen können Sauerstoff reduzieren: $O_2 + 2H_2O + 2e^- \rightarrow 4\,OH^-$. Treffen durch Diffusion Eisen(II)-Ionen und Hydroxidionen aufeinander, entsteht schwer lösliches Eisen(II)hydroxid: $Fe^{2+} + 2OH^- \rightarrow Fe(OH)_2$. Dieses kann mit weiterem Sauerstoff reagieren: $4Fe(OH)_2 + O_2 \rightarrow 4FeO(OH) + 2H_2O$. Durch Wasserabspaltung entsteht daraus Eisen(III)oxid: $4FeO(OH) \rightarrow 2Fe_2O_3 + 2H_2O$ **c)** Die Rostschicht ist spröde und porös und kann daher das Eisen nicht vor weiterer Korrosion schützen.

22. a) $3MnO_2 + 4Al \rightarrow 3Mn + 2Al_2O_3$ **b)** z. B. durch Reduktion mit Kohlenstoff: $MnO_2 + C \rightarrow Mn + CO_2$

REGISTER